Thomas Plehn

Markov Chain Monte Carlo Methoden

GRIN Verlag

Bibliografische Information der Deutschen Nationalbibliothek:

Die Deutsche Bibliothek verzeichnet diese Publikation in der Deutschen Nationalbibliografie; detaillierte bibliografische Daten sind im Internet über http://dnb.d-nb.de/ abrufbar.

Impressum:

Druck und Bindung: Books on Demand GmbH, Norderstedt Germany
ISBN: 978-3-640-35512-9

Dieses Buch bei GRIN:

http://www.grin.com/de/e-book/111127/markov-chain-monte-carlo-methoden

Universität Bielefeld

Fakultät für Mathematik

MCMC-Methoden

Masterarbeit im Rahmen des Seminars

„Elementare Wahrscheinlichkeitsrechnung"

Sommersemester 2007

vorgelegt von:

Thomas Plehn

Inhaltsverzeichnis

1 Grundlagen zu Markov-Ketten

1.1 Definition

Wir beginnen mit einem sehr einfachen Beispiel: Denken wir an einen zufälligen Läufer in einer sehr kleinen Stadt, die nur aus vier Straßen besteht. Dabei werden die vier Straßenecken wie in der untenstehenden Abbildung mit v_1, v_2, v_3 und v_4 bezeichnet. Zum Zeitpunkt 0 steht der zufällige Läufer in der Ecke v_1. Zum Zeitpunkt 1 wirft er eine faire Münze und entscheidet je nach Ausfall, ob er weiter nach v_2 oder v_4 geht. Zum Zeitpunkt 2 wirft er wieder eine faire Münze, um zu entscheiden, zu welcher benachbarten Ecke er gehen soll. Dabei verwendet er die Entscheidungsregel, wenn die Münze Kopf zeigt, einen Schritt im Uhrzeigersinn zu gehen und andernfalls, wenn die Münze Zahl zeigt, einen Schritt gegen den Uhrzeigersinn zu gehen. Diese Prozedur wird fortgeführt für die Zeiten 3, 4, usw.

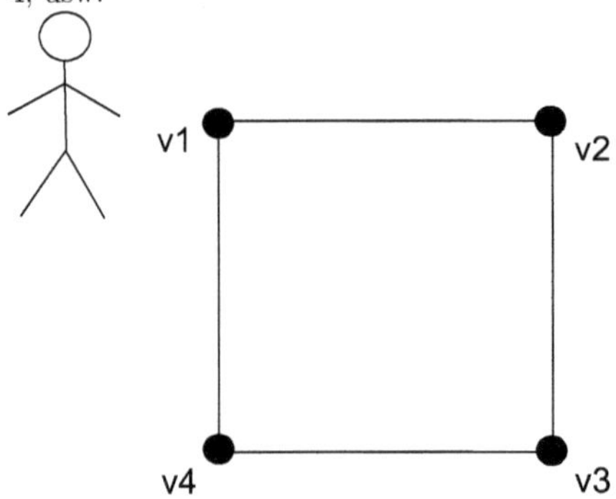

Für jedes n bezeichnet X_n den Index der Straßenecke an der sich der Läufer zur Zeit n befindet. Deswegen ist $(X_0, X_1, ...)$ ein Zufallsprozess der Werte aus $\{v_1, v_2, v_3, v_4\}$ annimmt. Weil der Läufer zur Zeit 0 in v_1 startet, ergibt sich:

$$P(X_0 = v_1) = 1$$

Danach bewegt er sich nach v_2 oder v_4 mit jeweils der Wahrscheinlichkeit $\frac{1}{2}$, so dass:

$$P(X_1 = v_2) = \frac{1}{2}$$

und

$$P(X_1 = v_4) = \frac{1}{2}$$

Die Verteilung von X_n für $n \geq 2$ zu berechnen, setzt ein wenig mehr Nachdenken voraus. An dieser Stelle ist es sinnvoll, sich auf bedingte Wahrscheinlichkeiten zu beziehen. Nehmen wir an, dass der Läufer zur Zeit n an der Ecke v_2 steht. Dann erhalten wir die bedingten Wahrscheinlichkeiten

$$P(X_{n+1} = v_1 | X_n = v_2) = \frac{1}{2}$$

und

$$P(X_{n+1} = v_3 | X_n = v_2) = \frac{1}{2}$$

wegen des Münzwurf-Mechanismus zur Entscheidung über den nächsten Schritt. Tatsächlich erhalten wir dieselben bedingten Wahrscheinlichkeiten, wenn wir in den Bedingungen die vollständige Vergangenheit des Prozesses bis zur Zeit n berücksichtigen:

$$P(X_{n+1} = v_1 | X_0 = i_0, X_1 = i_1, ..., X_{n-1} = i_{n-1}, X_n = v_2) = \frac{1}{2}$$

und

$$P(X_{n+1} = v_3 | X_0 = i_0, X_1 = i_1, ..., X_{n-1} = i_{n-1}, X_n = v_2) = \frac{1}{2}$$

Dies gilt für jede Wahl von $i_0, ..., i_{n-1}$, vorausgesetzt, dass der Pfad $i_0, i_1, ..., i_{n-1}$ eine positive Wahrscheinlichkeit besitzt. Dieses Phänomen wird die Gedächnislosigkeits-Eigenschaft genannt, die auch als Markov-Eigenschaft bekannt ist: Die bedingte Verteilung von X_{n+1} gegeben $(X_0, ..., X_n)$ hängt nur von X_n ab. Eine andere interessante Eigenschaft dieses Zufallsprozesses besteht darin, dass die bedingte Verteilung von X_{n+1}, gegeben dass beispielsweise $X_n = v_2$, für alle n dieselbe ist. Diese Eigenschaft heißt Zeit-Homogenität, oder einfach Homogenität. Derartige Prozesse lassen sich mit Hilfe sogenannter Übergangsmatrizen beschreiben:

Definition Sei P eine $k \times k$ Matrix mit den Elementen $\{P_{i,j} : i, j = 1, ..., k\}$. Ein Zufallsprozess $(X_0, X_1, ...)$ mit endlichem Zustandsraum $S = \{s_1, ..., s_k\}$ heißt dann (homogene) Markovkette mit Übergangsmatrix P, wenn für alle n, alle $i, j \in \{1, ..., k\}$ und alle $i_0, ..., i_{n-1} \in \{1, ..., k\}$ gilt:

$$P(X_{n+1} = s_j | X_0 = s_{i_0}, X_1 = s_{i_1}, ..., X_{n-1} = s_{i_{n-1}}, X_n = s_i)$$
$$= P(X_{n+1} = s_j | X_n = s_i) = P_{i,j}$$

Zum Beispiel ist das Beispiel mit dem zufälligen Läufer von oben eine Markovkette, mit dem Ereignisraum $\{1, ..., 4\}$ und der Übergangsmatrix

$$P = \begin{bmatrix} 0 & \frac{1}{2} & 0 & \frac{1}{2} \\ \frac{1}{2} & 0 & \frac{1}{2} & 0 \\ 0 & \frac{1}{2} & 0 & \frac{1}{2} \\ \frac{1}{2} & 0 & \frac{1}{2} & 0 \end{bmatrix}$$

Jede Übergangsmatrix erfüllt dabei:

$$P_{i,j} \geq 0 \;\; \forall i, j \in \{1, ..., k\}$$

und

$$\sum_{j=1}^{k} P_{i,j} = 1 \;\; \forall i \in \{1, ..., k\}$$

Die erste Eigenschaft bedeutet nur, dass alle bedingten Wahrscheinlichkeiten stets nichtnegativ sind und die zweite Eigenschaft besagt, dass sie sich zu 1 aufsummieren.

Wir wenden uns nun einer anderen wichtigen Charakteristik von Markovketten zu, nämlich der sogenannten Anfangsverteilung, die beschreibt, wie die Markovkette startet. Die Anfangsverteilung ist gegeben durch einen Zeilenvektor $\mu^{(0)}$, der sich folgendermaßen zusammensetzt:

$$\begin{aligned} \mu^{(0)} &= (\mu_1^{(0)}, \mu_2^{(0)}, ..., \mu_k^{(0)}) \\ &= (P(X_0 = s_1), P(X_0 = s_2), ..., P(X_0 = s_k)). \end{aligned}$$

Da $\mu^{(0)}$ eine Wahrscheinlichkeitsverteilung repräsentiert, ergibt sich:

$$\sum_{i=1}^{k} \mu_i^{(0)} = 1$$

In unserem Beispiel mit dem zufälligen Läufer gilt:

$$\mu^{(0)} = (1, 0, 0, 0)$$

Auf ähnliche Weise bezeichen die Zeilenvektoren $\mu^{(1)}, \mu^{(2)}, ...$ die Verteilungen der Markovkette zu den Zeiten 1, 2, ..., so dass:

$$\begin{aligned} \mu^{(n)} &= (\mu_1^{(n)}, \mu_2^{(n)}, ..., \mu_k^{(n)}) \\ &= (P(X_n = s_1), P(X_n = s_2), ..., P(X_n = s_k)) \end{aligned}$$

Im Beispiel mit dem zufälligen Läufer ergibt sich beispielsweise:

$$\mu^{(1)} = (0, \frac{1}{2}, 0, \frac{1}{2})$$

Wenn wir die Anfangsverteilung $\mu^{(0)}$ und die Übergangsmatrix P der Markovkette kennen, können wir alle Verteilungen $\mu^{(1)}, \mu^{(2)}, ...$ der Markovkette berechnen: Das folgende Resultat zeigt uns, dass dies lediglich eine Anwendung der Matrix-Multiplikation darstellt. Wir schreiben P^n für die n-te Potenz der Matrix P.

Theorem Für eine Markovkette $(X_0, X_1 ...)$ mit dem Zustandsraum $\{s_1, ..., s_k\}$, Anfangsverteilung $\mu^{(0)}$ und Übergangsmatrix P, gilt für jedes n, dass die Verteilung $\mu^{(n)}$ zur Zeit n Folgendes erfüllt:

$$\mu^{(n)} = \mu^{(0)} P^n$$

Beweis Wenden wir uns dem ersten Fall, $n = 1$ zu. Für $j = 1, ..., k$ erhalten wir: Aus dem Satz über die totale Wahrscheinlichkeit folgt, dass

$$\mu_j^{(1)} = P(X_1 = s_j) = \sum_{i=1}^{k} P(X_0 = s_i, X_1 = s_j),$$

denn die s_i liefern eine disjunkte Zerlegung des Ereignisraumes $S = \{s_1, ..., s_k\}$. Nach Definition der bedingten Wahrscheinlichkeit folgt, dass

$$\mu_j^{(1)} = \sum_{i=1}^{k} P(X_0 = s_i) P(X_1 = s_j | X_0 = s_i)$$

Nach Definition von μ und P gilt somit

$$\mu_j^{(1)} = \sum_{i=1}^{k} \mu_i^{(0)} P_{i,j}$$

oder anders geschrieben

$$\mu_j^{(1)} = (\mu^{(0)} P)_j$$

Hierzu ist ein wenig Wissen über Matrix-Arithmetik nötig. Schreibt man die Multiplikation nach dem Falk-Schema[1] aus, ergibt sich:

$$\begin{array}{cc} & \begin{pmatrix} \ldots & P_{1,j} & \ldots \\ \ldots & P_{2,j} & \ldots \\ & \vdots & \\ \ldots & P_{k,j} & \ldots \end{pmatrix} \\ \begin{pmatrix} \mu_1^{(0)} & \mu_2^{(0)} & \ldots & \mu_k^{(0)} \end{pmatrix} & \begin{pmatrix} \ldots & \mu_j^{(1)} & \ldots \end{pmatrix} \end{array}$$

Da wir die Gültigkeit der Gleichung für jede Komponente j einzeln nachweisen konnten, gilt also insgesamt:

$$\mu^{(1)} = \mu^{(0)} P$$

Um diesen Sachverhalt für den generellen Fall zu beweisen, benutzen wir vollständige Induktion. Wir fixieren ein m und nehmen an, dass die Behauptung für $n = m$ gilt. Für $n = m + 1$ erhalten wir dann analog zum Induktionsanfang:

$$\begin{aligned} \mu_j^{(m+1)} = P(X_{m+1} = s_j) &= \sum_{i=1}^{k} P(X_m = s_i, X_{m+1} = s_j) \\ &= \sum_{i=1}^{k} P(X_m = s_i) P(X_{m+1} = s_j | X_m = s_i) \\ &= \sum_{i=1}^{k} \mu_i^{(m)} P_{i,j} \\ &= (\mu^{(m)} P)_j \end{aligned}$$

Da wir auch für den allgemeinen Fall die Gültigkeit der Gleichung für jede Komponente j einzeln nachweisen konnten, folgt insgesamt:

$$\mu^{(m+1)} = \mu^{(m)} P = \mu^{(0)} P^m P = \mu^{(0)} P^{m+1}$$

[1] Siehe hierzu beispielsweise Seite 144 in: Gerd Fischer: Lineare Algebra: Eine Einführung für Studienanfänger, Vieweg Verlag

Das erste Gleichheitszeichen wurde zuvor bewiesen. Das zweite Gleichheitszeichen gilt nach Induktionsvoraussetzung.

1.2 Irreduzibilität und Aperiodizität

Wir beginnen mit der Irreduzibilität, was salopp gesprochen bedeutet, dass jedes Element s_i des Ereignisraums S der Markovkette von jedem anderen Element s_j aus erreicht werden kann. Um diese Beschreibung präziser zu machen, stellen wir uns eine Markovkette $(X_0, X_1, ...)$ mit Ereignisraum $S = \{s_1, ..., s_k\}$ und Übergangsmatrix P vor. Wir sagen, dass das Ereignis s_i mit s_j kommuniziert, geschrieben $s_i \rightarrow s_j$, wenn die Kette eine positive Wahrscheinlichkeit hat, irgendwann s_j zu erreichen, wenn sie von s_i startet. In anderen Worten: s_i kommuniziert mit s_j, wenn ein n existiert, so dass gilt:

$$P(X_{m+n} = s_j | X_m = s_i) > 0$$

Diese Wahrscheinlichkeit lässt sich auch schreiben als $(P^n)_{i,j}$. Wenn sogar $s_i \rightarrow s_j$ und $s_j \rightarrow s_i$ gilt, sagen wir, dass s_i und s_j interkommunizieren und schreiben dafür $s_i \leftrightarrow s_j$. Dies leitet uns zu folgender Definition der Irreduzibilität:

Definition Eine Markovkette $(X_0, X_1, ...)$ mit Ereignisraum $S = \{s_1, ..., s_k\}$ und Übergangsmatrix P heißt irreduzibel, wenn für alle $s_i, s_j \in S$ gilt, dass $s_i \leftrightarrow s_j$. Ansonsten heißt die Kette reduzibel.

Wir kommen nun zum Konzept der Aperiodizität. Für eine endliche oder unendliche Menge $\{a_1, a_2, ...\}$ von positiven ganzen Zahlen, schreiben wir $gcd\{a_1, a_2, ...\}$ für den größten gemeinsamen Teiler von $a_1, a_2, ...$ Die Periode $d(s_i)$ von einem Zustand $s_i \in S$ ist nun definiert als:

$$d(s_i) = gcd\{n \geq 1 : (P^n)_{i,i} > 0\},$$

d.h. die Periode von s_i ist der größte gemeinsame Teiler der Menge von Zeiten, zu denen die Kette nach s_i zurückkehren kann, gegeben dass wir bei s_i gestartet sind [2]. Wenn $d(s_i) = 1$ gilt, dann sagen wir, dass der Zustand s_i aperiodisch ist.

[2] Diese Menge könnte für eine ungünstige Wahl der Markovkette auch leer sein. Diesen Sonderfall betrachten wir nicht als aperiodisch.

Definition Eine Markovkette heißt aperiodisch, wenn alle Elemente ihres Zustandsraums aperiodisch sind. Andernfalls heißt die Kette periodisch.

Theorem Angenommen, wir haben eine aperiodische Markovkette $(X_0, X_1, ...)$ mit dem Ereignisraum $S = \{s_1, ..., s_k\}$ und der Übergangsmatrix P. Dann existiert stets ein $N \in \mathbb{N}$, so dass

$$(P^n)_{i,i} > 0 \ \ \forall n \geq N \ \ \forall i \in \{1, ..., k\}$$

Lemma Sei $A = \{a_1, a_2, ...\}$ eine Menge von positiven ganzen Zahlen, für die gilt:

1. Die Elemente von A sind teilerfremd, d.h. $gcd\{a_1, a_2, ...\} = 1$, und

2. A ist abgeschlossen unter der Addition, d.h. wenn $a \in A$ und $a' \in A$, gilt $a + a' \in A$.

Dann existiert stets eine ganze Zahl $N \in \mathbb{N}$, so dass $n \in A \ \ \forall n \geq N$ [3].

Beweis des Theorems Für $s_i \in S$, sei $A_i = \{n \geq 1 : (P^n)_{i,i} > 0\}$, so dass A_i in anderen Worten die Menge der möglichen Rückkehr-Zeitpunkte zu s_i darstellt, wenn von s_i gestartet wird. Wir haben angenommen, das die Markovkette aperiodisch ist und deswegen ist auch das Ereignis s_i aperiodisch, so dass die Elemente von A_i teilerfremd sind. Außerdem ist A_i abgeschlossen unter der Addition, aus dem folgenden Grund: Wenn $a, a' \in A_i$, dann gilt $P(X_a = s_i | X_0 = s_i) > 0$ und $P(X_{a+a'} = s_i | X_a = s_i) > 0$. Dies bedeutet aber dass

$$\begin{aligned}
P(X_{a+a'} = s_i | X_0 = s_i) &\geq P(X_a = s_i, X_{a+a'} = s_i | X_0 = s_i), \\
&= \frac{P(X_{a+a'} = s_i, X_a = s_i, X_0 = s_i)}{P(X_0 = s_i)}, \\
&= \frac{P(X_{a+a'} = s_i | X_a = s_i) P(X_a = s_i | X_0 = s_i) P(X_0 = s_i)}{P(X_0 = s_i)}, \\
&= P(X_{a+a'} = s_i | X_a = s_i) P(X_a = s_i | X_0 = s_i) > 0,
\end{aligned}$$

da beide Faktoren nach Voraussetzung größer als 0 sind. Insgesamt folgt nun, dass $a + a' \in A_i$. Zusammenfassend erfüllt nun A_i die Voraussetzungen 1 und 2 des Lemmas, was bedeutet, dass eine ganze Zahl $N_i < \infty$ existiert, so dass $n \in A_i \ \ \forall n \geq N_i$. Dies bedeutet

[3] Ein Beweis dieses Lemmas befindet sich in: Brémaud, P. (1998) Markov Chains: Gibbs fields, Monte Carlo Simulation, and Queues, Springer, New York.

aber, dass $(P^n)_{i,i} > 0 \;\; \forall n \geq N_i$. Das Theorem folgt nun, indem wir N folgendermaßen wählen:

$$N = max\{N_1, ..., N_k\}$$

Korollar Sei $(X_0, X_1, ...)$ eine irreduzible und aperiodische Markovkette mit Ereignisraum $S = \{s_1, ..., s_k\}$ und Übergangsmatrix P. Dann existiert stets ein $M \in \mathbb{N}$, so dass $(P^n)_{i,j} > 0 \;\; \forall n \geq M \;\; \forall i, j \in \{1, ..., k\}$.

Beweis Wegen der vorausgesetzten Aperiodizität existiert eine ganze Zahl $N \in \mathbb{N}$, so dass $(P^n)_{i,i} > 0 \;\; \forall n \geq N \;\; \forall i \in \{1, ..., k\}$. Fixiere nun zwei Zustände $s_i, s_j \in S$. Wegen der vorausgesetzten Irreduzibilität können wir nun ein $n_{i,j}$ finden, so dass $(P^{n_{i,j}})_{i,j} > 0$ gilt. Sei nun $M_{i,j} = N + n_{i,j}$. Für jedes $m \geq M_{i,j}$ ergibt sich nun:

$$\begin{aligned} P(X_m = s_j | X_0 = s_i) &\geq P(X_{m-n_{i,j}} = s_i, X_m = s_j | X_0 = s_i), \\ &= \frac{P(X_m = s_j, X_{m-n_{i,j}} = s_i, X_0 = s_i)}{P(X_0 = s_i)}, \\ &= \frac{P(X_m = s_j | X_{m-n_{i,j}} = s_i) P(X_{m-n_{i,j}} = s_i | X_0 = s_i) P(X_0 = s_i)}{P(X_0 = s_i)}, \\ &= P(X_m = s_j | X_{m-n_{i,j}} = s_i) P(X_{m-n_{i,j}} = s_i | X_0 = s_i) > 0, \end{aligned}$$

wobei der erste Faktor wegen der geeigneten Wahl von $n_{i,j}$ größer 0 ist und der zweite Faktor positiv ist, weil $m - n_{i,j} \geq N$. Gezeigt wurde also, dass $(P^m)_{i,j} > 0 \;\; \forall m \geq M_{i,j}$. Das Korollar folgt nun, wenn wir M folgendermaßen festsetzen:

$$M = max\{M_{1,1}, M_{1,2}, ..., M_{1,k}, M_{2,1}, M_{2,2}, ..., M_{2,k}, ..., M_{k,k}\}$$

1.3 Stationäre Verteilungen und Reversibilität

1.3.1 Existenz der stationären Verteilung

In diesem Abschnitt geht es um einige wichtige Aspekte der Markov-Ketten: Asymptotisches Verhalten bei der Langzeit-Betrachtung von Markov-Ketten. Was können wir also über eine Markov-Kette sagen, die schon lange Zeit gelaufen ist? Wenn $(X_0, X_1, ...)$ eine nichttriviale[4] Markov-Kette ist, dann wird der Wert von X_n unendlich oft fluktuieren

[4]Wir gehen hier von den üblicherweise auftretenden Markov-Ketten aus und betrachten nicht Besonderheiten wie absorbierende Zustände.

wenn $n \to \infty$ und deswegen können wir nicht davon ausgehen, dass X_n gegen irgendeinen Wert konvergiert. Trotzdem können wir hoffen, dass die Verteilung von X_n gegen einen Grenzwert konvergiert. Dies ist in der Tat der Fall, wenn die Markovkette irreduzibel und aperiodisch ist, was das zentrale Resultat dieser Betrachtung sein wird. Man spricht hier von dem so genannten Markovketten-Konvergenz-Theorem. Dies motiviert uns, nach Verteilungen zu suchen, die erhalten bleiben sofern sie jemals erreicht werden. Wir können uns durch ein wenig Experimentieren davon überzeugen, dass es solche Verteilungen tatsächlich gibt. Solche Verteilungen heißen stationäre Verteilungen, die wir wie folgt definieren:

Definition Sei $(X_0, X_1, ...)$ eine Markovkette mit Zustandsraum $\{s_1, ..., s_k\}$ und Übergangsmatrix P. Ein Zeilenvektor $\pi = (\pi_1, ..., \pi_k)$ heißt dann stationäre Verteilung der Markovkette, wenn er folgendes erfüllt:

1. $\pi_i \geq 0$ für $i = 1, ..., k$, und $\sum_{i=1}^{k} \pi_i = 1$, und
2. $\pi P = \pi$, d.h. $\sum_{i=1}^{k} \pi_i P_{i,j} = \pi_j$ für $j = 1, ..., k$.

Eigenschaft 1 heißt einfach, dass es sich bei π um eine Wahrscheinlichkeitsverteilung auf $\{s_1, ..., s_k\}$ handelt. Eigenschaft 2 heißt, dass bei der Wahl $\mu^{(0)} = \pi$ der Anfangsverteilung, dies auch für $\mu^{(1)}$ gilt, und zwar mit dem folgenden Argument:

$$\mu^{(1)} = \mu^{(0)} P = \pi P = \pi$$

Mit Hilfe einer vollständigen Induktion sehen wir auch, dass $\mu^{(n)} = \pi$ für jedes n. Zusammen mit dem Induktionsanfang zeigt dies, dass die stationäre Verteilung, sofern sie einmal erreicht wird, für immer beibehalten wird. Weil die Definition einer stationären Verteilung eigentlich nur von der Übergangsmatrix P abhängt, sagen wir manchmal einfach, dass die Verteilung π stationär für die Matrix P ist (anstelle von stationär für die Markovkette). Nachfolgend werden wir uns mit der Frage der Existenz der stationären Verteilung beschäftigen.

Theorem Für jede irreduzible und aperiodische Markovkette gibt es mindestens eine stationäre Verteilung.

Um dieses Existenz-Theorem zu beweisen, müssen wir zunächst ein Lemma über Wartezeiten für Markovketten beweisen. Wenn eine Markovkette $(X_0, X_1, ...)$ mit Zustandsraum $\{s_1, ..., s_k\}$ und Übergangsmatrix P beim Zustand s_i startet, dann können wir die Wartezeit folgendermaßen definieren:

$$T_{i,j} = min\{n \geq 1 : X_n = s_j\}$$

mit der Konvention, dass $T_{i,j} = \infty$ falls die Markovkette niemals s_j erreicht. Wir definieren ebenso die mittlere Wartezeit auf folgende Weise:

$$\tau_{i,j} = E[T_{i,j}]$$

Das bedeutet, dass $\tau_{i,j}$ die erwartete Zeit ist, die vergeht, bis der Zustand s_j erreicht wird. Für den Fall $i = j$ nennen wir $\tau_{i,i}$ die mittlere Rückkehrzeit für den Zustand s_i.

Lemma Für jegliche zwei Zustände $s_i, s_j \in S$ einer irreduziblen und aperiodische Markovkette mit Zustandsraum $S = \{s_1, ..., s_k\}$ und Übergangsmatrix P gilt, wenn die Kette im Zustand s_i startet, dass:

$$P(T_{i,j} < \infty) = 1$$

und

$$E[T_{i,j}] < \infty$$

Beweis des Lemmas Wir können stets ein $M \in \mathbb{N}$ finden, so dass $(P^M)_{i,j} > 0$ für alle $i, j \in \{1, ..., k\}$. Fixiere solch ein M und setze $\alpha = min\{(P^M)_{i,j} : i, j \in \{1, ..., k\}\}$ und bemerke, dass immer $\alpha > 0$ gilt. Fixiere zwei Zustände s_i und s_j und nehme an, dass die Kette bei s_i startet. Dann ergibt sich:

$$P(T_{i,j} > M) \leq P(X_M \neq s_j) = 1 - (P^M)_{i,j} \leq 1 - \alpha$$

Betrachten wir nun die Wahrscheinlichkeit, dass $T_{i,j} > 2M$: Dies ist äquivalent zu der Wahrscheinlichkeit, dass $T_{i,j} > M$ und $T_{i,j} > 2M$ gleichzeitig eintritt, denn mit dem Eintreten von $T_{i,j} > 2M$ ist auch immer $T_{i,j} > M$ impliziert. Mit Benutzung der Definition der bedingten Wahrscheinlichkeit folgt also insgesamt, dass:

$$P(T_{i,j} > 2M) = P(T_{i,j} > M)P(T_{i,j} > 2M|T_{i,j} > M)$$

Die Forderung $X_{2M} \neq s_j$ ist eine schwächere Forderung als $T_{i,j} > 2M$ und hat daher eine größere Wahrscheinlichkeit:

$$P(T_{i,j} > 2M) \leq P(T_{i,j} > M)P(X_{2M} \neq s_j | T_{i,j} > M)$$

Analog zu oben sind beide Faktoren gleich $(1 - \alpha)$ (Beachte für den zweiten Faktor die Zeit-Homogenität), insgesamt folgt also:

$$P(T_{i,j} > 2M) \leq (1 - \alpha)^2$$

Dies können wir verallgemeinern für $T_{i,j} > lM$ für ein beliebiges $l \in \mathbb{N}$:

$$\begin{aligned} P(T_{i,j} > lM) &= P(T_{i,j} > M)P(T_{i,j} > 2M | T_{i,j} > M)... \\ &\quad \times P(T_{i,j} > lM | T_{i,j} > (l-1)M) \\ &\leq (1 - \alpha)^l \end{aligned}$$

Dieser Ausdruck konvergiert gegen 0, wenn $l \to \infty$. Deswegen ist $P(T_{i,j} = \infty) = 0$ und folglich $P(T_{i,j} < \infty) = 1$.

Nun müssen wir noch beweisen, dass der Erwartungswert von $T_{i,j}$ immer endlich ist. Dazu verwenden wir eine alternative Formel für den Erwartungswert:

$$E[X] = \sum_{k=1}^{\infty} kP(X = k) = \sum_{k=1}^{\infty} P(X \geq k)$$

In unserem Fall bedeutet das:

$$E[T_{i,j}] = \sum_{n=1}^{\infty} P(T_{i,j} \geq n) = \sum_{n=0}^{\infty} P(T_{i,j} > n)$$

Diese Summe kann man nun geeignet in Teilsummen zerlegen:

$$E[T_{i,j}] = \sum_{l=0}^{\infty} \sum_{n=lM}^{(l+1)M-1} P(T_{i,j} > n)$$

Weil nun stets $lM \leq n$ ist, ist $P(T_{i,j} > lM)$ eine schwächere Forderung, die deswegen eine höhere Wahrscheinlichkeit aufweist, daher:

$$E[T_{i,j}] \leq \sum_{l=0}^{\infty} \sum_{n=lM}^{(l+1)M-1} P(T_{i,j} > lM)$$

In der zweiten Summe stehen nun immer M Summanden, die für ein fixiertes l alle gleich sind, daher:

$$E[T_{i,j}] \leq M \sum_{l=0}^{\infty} P(T_{i,j} > lM)$$

Nach unserer vorherigen Betrachtung kennen wir den Ausdruck $(1-\alpha)^l$ für $P(T_{i,j} > lM)$ und berechnen die resultierende geometrische Reihe:

$$E[T_{i,j}] \leq M \sum_{l=0}^{\infty} (1-\alpha)^l = M \frac{1}{1-(1-\alpha)} = \frac{M}{\alpha} < \infty$$

Beweis des Theorems Wie immer schreiben wir $(X_0, X_1, ...)$ für die Markovkette, $S = \{s_1, ..., s_k\}$ für den Zustandsraum und P für die Übergangsmatrix. Nehmen wir an, dass die Kette im Zustand s_1 startet und definieren für $i = 1, ..., k$:

$$\rho_i = \sum_{n=0}^{\infty} P(X_n = s_i, T_{1,1} > n)$$

In anderen Worten ist also ρ_i die erwartete Anzahl an Besuchen des Zustands s_i bis zur Zeit $T_{1,1} - 1$. Nun ist die mittlere Rückkehrzeit $E[T_{1,1}] = \tau_{1,1}$ endlich und deswegen muss auch ρ_i endlich sein, denn $\rho_i < \tau_{1,1}$ (dies ist der Fall, da nicht mehr Besuche zu Zustand s_i in der Zeit $T_{1,1}$ möglich sind als die Zeitspanne selbst lang ist). Wir schlagen nun einen Kandidaten für die stationäre Verteilung vor:

$$\pi = (\pi_1, ..., \pi_k) = \left(\frac{\rho_1}{\tau_{1,1}}, \frac{\rho_2}{\tau_{1,1}}, ..., \frac{\rho_k}{\tau_{1,1}} \right)$$

Wir müssen nun überprüfen, ob unser Kandidat die Forderungen der Definition einer stationären Verteilung erfüllt. Wir zeigen dazu zunächst, dass der Kandidat die Forderung 2 in der Definition erfüllt, welche $\sum_{i=1}^{k} \pi_i P_{i,j} = \pi_j$ lautet. Zunächst gehen wir auf den Fall $j \neq 1$ ein, der Fall $j = 1$ wird nachher separat betrachtet. Nach Definition gilt:

$$\pi_j = \frac{\rho_j}{\tau_{1,1}} = \frac{1}{\tau_{1,1}} \sum_{n=0}^{\infty} P(X_n = s_j, T_{1,1} > n)$$

Nun beachten wir, dass $X_0 = s_1$ gesetzt wurde und daher $X_0 \neq s_j$, da $j \neq 1$:

$$\pi_j = \frac{1}{\tau_{1,1}} \sum_{n=1}^{\infty} P(X_n = s_j, T_{1,1} > n)$$

Jetzt beachten wir, dass die Ereignisse $X_n = s_j$ und $T_{1,1} = n$ nicht gleichzeitig einteffen können, weil X_n nicht gleichzeitig s_j und s_1 sein kann, wenn $j \neq 1$. Daher reicht eine schwächere Forderung an $T_{1,1}$:

$$\pi_j = \frac{1}{\tau_{1,1}} \sum_{n=1}^{\infty} P(X_n = s_j, T_{1,1} > n-1)$$

Nun gilt nach dem Satz über die totale Wahrscheinlichkeit:

$$\pi_j = \frac{1}{\tau_{1,1}} \sum_{n=1}^{\infty} \sum_{i=1}^{k} P(X_{n-1} = s_i, X_n = s_j, T_{1,1} > n-1)$$

Wir zerlegen dies jetzt nach der Definition der bedingten Wahrscheinlichkeit und beachten dabei die Gedächtnislosigkeit der Markovkette, deren momentaner Zustand nur von dem vorherigen abhängt (Beachte hierbei, dass $T_{1,1} > n-1$ auch nur eine Aussage über die letzten n-1 Zustände ist, wovon nur der letzte für die Verteilung des aktuellen Zustands relevant ist):

$$\pi_j = \frac{1}{\tau_{1,1}} \sum_{n=1}^{\infty} \sum_{i=1}^{k} P(X_{n-1} = s_i, T_{1,1} > n-1) P(X_n = s_j | X_{n-1} = s_i)$$

Nach Benutzung der Definition der Übergangsmatrix folgt:

$$\pi_j = \frac{1}{\tau_{1,1}} \sum_{n=1}^{\infty} \sum_{i=1}^{k} P_{i,j} P(X_{n-1} = s_i, T_{1,1} > n-1)$$

Durch Vertauschung der Summen (Kommutativität) ergibt sich:

$$\pi_j = \frac{1}{\tau_{1,1}} \sum_{i=1}^{k} P_{i,j} \sum_{n=1}^{\infty} P(X_{n-1} = s_i, T_{1,1} > n-1)$$

Nun führen wir eine Substitution von $(n-1)$ gegen m aus:

$$\pi_j = \frac{1}{\tau_{1,1}} \sum_{i=1}^{k} P_{i,j} \sum_{m=0}^{\infty} P(X_m = s_i, T_{1,1} > m)$$

Wir verwenden nun die Definition von ρ_i:

$$\pi_j = \frac{\sum_{i=1}^{k} \rho_i P_{i,j}}{\tau_{1,1}}$$

Nach Benutzung der Definition von π_i folgt nun:

$$\pi_j = \sum_{i=1}^{k} \pi_i P_{i,j}$$

Damit ist der Fall $j \neq 1$ verifiziert. Es folgt nun der Fall $j = 1$ separat: Dazu bemerken wir zunächst, dass $\rho_1 = 1$, weil ρ_1 die erwartete Anzahl der Besuche zu s_1 angibt, bis zum Zeitpunkt $T_{1,1} - 1$ und wir angenommen haben, dass die Kette bei s_1 startet, d.h. $X_0 = s_1$. Aufgrund vorheriger Resultate wissen wir nun:

$$\rho_1 = 1 = P(T_{1,1} < \infty) = \sum_{n=1}^{\infty} P(T_{1,1} = n)$$

Nun benutzen wir wieder den Satz über die totale Wahrscheinlichkeit:

$$\rho_1 = \sum_{n=1}^{\infty} \sum_{i=1}^{k} P(X_{n-1} = s_i, T_{1,1} = n)$$

Wir berücksichtigen jetzt, dass das Ereignis $T_{1,1} = n$ dem Durchschnitt der Ereignisse $T_{1,1} > n - 1$ und $X_n = s_1$ entspricht:

$$\rho_1 = \sum_{n=1}^{\infty} \sum_{i=1}^{k} P(X_{n-1} = s_i, T_{1,1} > n-1) P(X_n = s_1 | X_{n-1} = s_i)$$

Wir verwenden die Definition der Übergangsmatrix P:

$$\rho_1 = \sum_{n=1}^{\infty} \sum_{i=1}^{k} P_{i,1} P(X_{n-1} = s_i, T_{1,1} > n-1)$$

Die Summen können nun aufgrund der Kommutativität vertauscht werden:

$$\rho_1 = \sum_{i=1}^{k} P_{i,1} \sum_{n=1}^{\infty} P(X_{n-1} = s_i, T_{1,1} > n-1)$$

Substitution von m gegen $(n-1)$ ergibt:

$$\rho_1 = \sum_{i=1}^{k} P_{i,1} \sum_{m=0}^{\infty} P(X_m = s_i, T_{1,1} > m)$$

Verwenden wir nun die Definition von ρ_i, ergibt sich:

$$\rho_1 = \sum_{i=1}^{k} \rho_i P_{i,1}$$

Nun können wir nach Definition von π folgendes folgern:

$$\pi_1 = \frac{\rho_1}{\tau_{1,1}} = \sum_{i=1}^{k} \frac{\rho_i P_{i,1}}{\tau_{1,1}} = \sum_{i=1}^{k} \pi_i P_{i,1}$$

Damit haben wir auch den Fall $j = 1$ verifiziert. Wir haben nun gezeigt, dass die Forderung 2 aus der Definition der stationären Verteilung für den vorgeschlagenen Kandidaten zutrifft. Zu zeigen bleibt noch, dass π richtig normiert ist, d.h. $\sum_{i=1}^{k} \pi_i = 1$, was aus Forderung 1 der Definition hervorgeht. Nach der alternativen Formel für den Erwartungswert gilt:

$$\tau_{1,1} = E[T_{1,1}] = \sum_{n=0}^{\infty} P(T_{1,1} > n)$$

Nach Benutzung des Satzes über die totale Wahrscheinlichkeit folgt:

$$\tau_{1,1} = \sum_{n=0}^{\infty} \sum_{i=1}^{k} P(X_n = s_i, T_{1,1} > n)$$

Durch Vertauschung der Summen (Kommutativität) folgt:

$$\tau_{1,1} = \sum_{i=1}^{k} \sum_{n=0}^{\infty} P(X_n = s_i, T_{1,1} > n)$$

Bei Berücksichtigung der Definition von ρ_i kann man das auch schreiben als

$$\tau_{1,1} = \sum_{i=1}^{k} \rho_i$$

Unter Benutzung dieses Ergebnisses kann man nun zeigen, das π richtig normiert ist:

$$\sum_{i=1}^{k} \pi_i = \frac{1}{\tau_{1,1}} \sum_{i=1}^{k} \rho_i = 1$$

Insgesamt haben wir nun gezeigt, dass unsere Wahl für π stets eine stationäre Verteilung ist[5].

1.3.2 Reversibilität einer Verteilung

Für einige algorithmische Anwendungen ist es wichtig, reversible Markovketten zu betrachten. Hierbei handelt es sich um Ketten, deren Verhalten gleich aussieht, egal ob sie vorwärts oder rückwärts betrachtet werden. Wir definieren die Reversibilität auf folgende Weise:

Definition Sei $(X_0, X_1, ...)$ eine Markovkette mit Zustandsraum $S = \{s_1, ..., s_k\}$ und Übergangsmatrix P. Eine Wahrscheinlichkeitsverteilung π auf S heißt dann reversibel für die Kette (oder für die Übergangsmatrix P), wenn für alle $i, j \in \{1, ..., k\}$ gilt:

$$\pi_i P_{i,j} = \pi_j P_{j,i}$$

[5] Der Beweis, dass die stationäre Verteilung in diesem Fall auch eindeutig ist, befindet sich in Abschnitt 1.4

Die Markovkette heißt genau dann reversibel, wenn eine reversible Verteilung für sie existiert.

Die Reversibilität einer Verteilung ist eine nützliche Eigenschaft bei der Konstruktion von Ketten für Simulationen, die eine bestimmte stationäre Verteilung aufweisen sollen, denn diese Eigenschaft impliziert gleichzeitig die Stationarität der Verteilung, wie sich gleich zeigen wird und die Reversibilität hat den Vorteil, dass sie sich in der Praxis wesentlich einfacher nachrechnen lässt.

Theorem Sei $(X_0, X_1, ...)$ eine Markovkette mit Zustandsraum $S = \{s_1, ..., s_k\}$ und Übergangsmatrix P. Wenn π nun eine reversible Verteilung für die Kette ist, dann ist es gleichzeitig auch eine stationäre Verteilung für die Kette.

Beweis Die erste Eigenschaft, die wir für eine stationäre Verteilung fordern, $\sum_{i=1}^{k} \pi_i = 1$ ist erfüllt, weil es sich bei π um eine Wahrscheinlichkeitsverteilung handelt. Die zweite Eigenschaft, $\pi_j = \sum_{i=1}^{k} \pi_i P_{i,j}$, weisen wir folgendermaßen nach: Nach Definition der Übergangsmatrix P ist $\sum_{i=1}^{k} P_{j,i} = 1$. Deswegen folgt:

$$\pi_j = \pi_j \sum_{i=1}^{k} P_{j,i}$$

Da π_j unabhängig von der Laufvariable i ist, kann man π_j auch in die Summe ziehen:

$$\pi_j = \sum_{i=1}^{k} \pi_j P_{j,i}$$

Verwenden wir nun die Reversibilität von π bezüglich P, ergibt sich schließlich:

$$\pi_j = \sum_{i=1}^{k} \pi_i P_{i,j}$$

Damit ist gezeigt, das jede reversible Verteilung auch stationär ist.

1.4 Konvergenzsatz

1.4.1 Konvergenz gegen die stationäre Verteilung

In diesem Abschnitt kommen wir zu einem wichtigen Resultat der Markov-Theorie: Unter bestimmten Bedingungen, nämlich Irreduzibilität und Aperiodizität der Markovkette, konvergiert die Verteilung $\mu^{(n)}$ der Markovkette für $n \to \infty$ gegen ihre stationäre Verteilung π.

Um diesen Sachverhalt begrifflich genauer fassen zu können, definieren wir zunächst die totale Variations-Distanz zwischen zwei Verteilungen $\nu^{(1)}$ und $\nu^{(2)}$:

Definition Wenn $\nu^{(1)} = (\nu_1^{(1)}, ..., \nu_k^{(1)})$ und $\nu^{(2)} = (\nu_1^{(2)}, ..., \nu_k^{(2)})$ Wahrscheinlichkeitsverteilungen auf $S = \{s_1, ..., s_k\}$ sind, dann definieren wir den Totalvariationsabstand zwischen $\nu^{(1)}$ und $\nu^{(2)}$ als:

$$d_{TV}(\nu^{(1)}, \nu^{(2)}) = \frac{1}{2}\sum_{i=1}^{k} |\nu_i^{(1)} - \nu_i^{(2)}|$$

Wenn $\nu^{(1)}, \nu^{(2)}, ...$ und ν Wahrscheinlichkeitsverteilungen auf S sind, dann sagen wir $\nu^{(n)}$ konvergiert gegen ν in der totalen Variation, wenn $n \to \infty$, geschrieben $\nu^{(n)} \xrightarrow{TV} \nu$, wenn

$$\lim_{n\to\infty} d_{TV}(\nu^{(n)}, \nu) = 0$$

Die totale Variations-Distanz hat auch eine andere natürliche Darstellung, nämlich:

$$d_{TV}(\nu^{(1)}, \nu^{(2)}) = \max_{A\subseteq S} |\nu^{(1)}(A) - \nu^{(2)}(A)|$$

Diese Äquivalenz kann man auf folgende Weise einsehen: Man beachtet zunächst, dass $|\nu^{(1)}(A) - \nu^{(2)}(A)| = |\nu^{(1)}(A^c) - \nu^{(2)}(A^c)|$. Deswegen kann man die Gleichung auch schreiben als:

$$2d_{TV}(\nu^{(1)}, \nu^{(2)}) = \max_{A\subseteq S} |\nu^{(1)}(A) - \nu^{(2)}(A)| + |\nu^{(1)}(A^c) - \nu^{(2)}(A^c)|$$

Nun kann man $2d_{TV}(\nu^{(1)}, \nu^{(2)})$ nach Definition auch schreiben als

$$2d_{TV}(\nu^{(1)}, \nu^{(2)}) = \sum_{s\in A} |\nu^{(1)}(s) - \nu^{(2)}(s)| + \sum_{s\in A^c} |\nu^{(1)}(s) - \nu^{(2)}(s)|$$

Nun gilt aber:

$$|\nu^{(1)}(A) - \nu^{(2)}(A)| \leq \sum_{s\in A} |\nu^{(1)}(s) - \nu^{(2)}(s)|$$

und

$$|\nu^{(1)}(A^c) - \nu^{(2)}(A^c)| \leq \sum_{s\in A^c} |\nu^{(1)}(s) - \nu^{(2)}(s)|,$$

was man beides über die Dreiecksungleichung einsehen kann, denn

$$|\nu^{(1)}(A) - \nu^{(2)}(A)| = |(\nu^{(1)}(a_1) + \nu^{(1)}(a_2) + ...) - (\nu^{(2)}(a_1) + \nu^{(2)}(a_2) + ...)|$$

$$= |(\nu^{(1)}(a_1) - \nu^{(2)}(a_1)) + (\nu^{(1)}(a_2) - \nu^{(2)}(a_2)) + ...|$$
$$\leq |\nu^{(1)}(a_1) - \nu^{(2)}(a_1)| + |\nu^{(1)}(a_2) - \nu^{(2)}(a_2)| + ...$$
$$= \sum_{s \in A} |\nu^{(1)}(s) - \nu^{(2)}(s)|$$

Analog sieht man dies für die komplementäre Menge ein. Wir wissen nun also, dass der Ausdruck, den wir maximieren wollen nicht größer als $2d_{TV}(\nu^{(1)}, \nu^{(2)})$ werden kann. Nun müssen wir noch nachweisen, dass dieser Wert auch angenommen werden kann. Hierzu setzen wir für A einfach die Menge:

$$A = \{s \in S : \nu^{(1)}(s) > \nu^{(2)}(s)\}$$

Nun gilt an der Stelle, wo in voriger Betrachtung das Zeichen $\leq$ steht, nun die Gleichheit, denn für die Menge A sind nun alle geklammerten Summanden positiv, während sie für die Menge A^c sämtlich negativ sind. In diesem Fall wird also die Dreiecksungleichung zur Gleichung.

Kommen wir nun zur Formulierung des eigentlichen Konvergenztheorems:

Theorem Sei $(X_0, X_1, ...)$ eine irreduzible und aperiodische Markovkette mit Zustandsraum $S = \{s_1, ..., s_k\}$, Übergangsmatrix P und beliebiger Anfangsverteilung $\mu^{(0)}$. Dann ergibt sich für jede Verteilung π, die stationär für die Übergangsmatrix P ist [6]:

$$\mu^{(n)} \xrightarrow{TV} \pi$$

1.4.2 Eindeutigkeit der stationären Verteilung

Nun kann man mit Hilfe dieses Resultates auch beweisen, dass die stationäre Verteilung nicht nur immer existiert, sondern auch immer eindeutig ist:

Theorem Jede irreduzible und aperiodische Markovkette hat genau eine stationäre Verteilung.

[6] Ein Beweis dieses Theorems befindet sich in: Häggström, O. (2002) Finite Markov Chains and Algorithmic Applications, Cambridge University Press, Seite 34.

Beweis Sei $(X_0, X_1, ...)$ eine irreduzible und aperiodische Markovkette mit Übergangsmatrix P. Wegen des Existenz-Theorems existiert mindestens eine stationäre Verteilung für P, deswegen brauchen wir nur zeigen, dass es höchstens eine stationäre Verteilung geben kann. Seien π und π' zwei (a priori eventuell unterschiedliche) stationäre Verteilungen für P, unsere Aufgabe ist es nun zu zeigen, dass $\pi = \pi'$.

Nehmen wir an, dass die Markovkette mit der Anfangsverteilung $\mu^{(0)} = \pi'$ startet. Dann folgt $\mu^{(n)} = \pi'$ für alle n, wegen der Annahme, dass π' stationär ist. Auf der anderen Seite sagt uns das Konvergenz-Theorem, dass $\mu^{(n)} \xrightarrow{TV} \pi$, was bedeutet,

$$\lim_{n\to\infty} d_{TV}(\mu^{(n)}, \pi) = 0$$

Nun ist aber auch $\mu^{(n)} = \pi'$, was das gleiche ist, wie

$$\lim_{n\to\infty} d_{TV}(\pi', \pi) = 0$$

Aber $d_{TV}(\pi', \pi)$ hängt nicht von n ab und ist deswegen immer 0. Das bedeutet nach Definition von d_{TV} aber, dass $\pi = \pi'$, was den Beweis komplett macht.

2 Metropolis-Hastings Algorithmus

2.1 Allgemeine Beschreibung des Metropolis-Hastings Algorithmus

Wir stehen vor dem Problem, zu einer gegebenen Verteilung $\pi(.)$ eine Markovkette zu finden, deren stationäre Verteilung genau $\pi(.)$ entspricht. Dabei ist es vollkommen egal, welche Gestalt π auch haben mag. π kann ein Wahrscheinlichkeitsmaß auf einem beliebigen Zustandsraum sein. Eine solche Markovkette wollen wir nun lange laufen lassen, um eine Stichprobe zu erhalten, die ungefähr wie π verteilt ist. Dies ist sichergesellt, denn die Verteilung der X_i konvergiert laut Konvergenzsatz gegen die stationäre Verteilung der Markovkette. Es ist nun möglich, mit dieser Stichprobe Statistik zu betreiben und damit statistische Kennzahlen zu gewinnen, die ungefähr denen von π entsprechen, weil die Stichprobe in guter Näherung so wie π verteilt ist. Dieses Verfahren wählt man, wenn die statistischen Kennzahlen von π nicht direkt auf analytischem Wege zugänglich sind.

Eine Markovkette, die diese Anforderungen erfüllt, lässt sich mit Hilfe des Metropolis-Hastings-Algorithmus konstruieren. Dieser basiert auf der Idee, zu jeder Zeit t für den nächsten Status X_{t+1} einen Kandidaten Y zu generieren, indem von einer „Vorschlags-Verteilung" gesampelt wird. Die Vorschlags-Verteilung kann dabei in der Form $q(.|X_t)$ von dem aktuellen Status abhängen und beispielsweise durch eine Normalverteilung mit Erwartungswert X_t und einer festen Varianz gegeben sein. Der Kandidat Y wird dann mit einer bestimmten Wahrscheinlichkeit akzeptiert, welche gegeben ist durch $\alpha(X_t, Y)$:

$$\alpha(X,Y) = min\left(1, \frac{\pi(Y)q(X|Y)}{\pi(X)q(Y|X)}\right)$$

Wenn der Kandidat akzeptiert wird, wird der nächste Status zu $X_{t+1} = Y$. Wird der Kandidat zurückgewiesen, bewegt sich die Markovkette nicht weiter, was bedeutet $X_{t+1} = X_t$. Zusammengefasst lässt sich der Algorithmus folgendermaßen darstellen:

Initialisiere X_0; setze $t = 0$.

Wiederhole {

Sample einen Punkt Y von $q(.|X_t)$

Sample eine im Intervall $[0, 1]$ gleichverteilte Zufallsvariable U

Wenn $U \leq \alpha(X_t, Y)$ setze $X_{t+1} = Y$

andernfalls setze $X_{t+1} = X_t$

zähle t um eins weiter

}.

Erstaunlicherweise kann die Vorschlags-Verteilung $q(.|.)$ jegliche Form haben und die stationäre Verteilung der Kette wird immer $\pi(.)$ sein. Das kann man auf folgende Weise beweisen. Die Übergangswahrscheinlichkeit im Metropolis-Hastings-Algorithmus hat folgende Form:

$$\begin{aligned} P(X_{t+1}|X_t) &= q(X_{t+1}|X_t)\alpha(X_t, X_{t+1}) \\ &\quad + I(X_{t+1} = X_t)[1 - \int q(Y|X_t)\alpha(X_t, Y)dY] \end{aligned}$$

Dabei bedeutet $I(.)$ die Indikatorfunktion, die den Wert 1 annimmt, wenn ihr Argument wahr ist und 0 andernfalls. Der erste Term entsteht durch die Akzeptanz des Kandidaten $Y = X_{t+1}$: Dazu muss zweierlei erfüllt sein, was auf verschiedenen Zufallsprozessen basiert: Der Kandidat $Y = X_{t+1}$ muss vorgeschlagen werden (Sampeln von der Vorschlagsverteilung q) und anschließend akzeptiert werden (Vergleich einer uniformen Zufallsvariable auf $[0,1]$ mit $\alpha(X_t, Y)$). Dann geht die Kette von X_t nach X_{t+1} über. Daher kann hier die Multiplikationsregel für unabhängige Ereignisse verwendet werden. Der zweite Term kommt hinzu, falls die Kette stehen bleibt, was bedeutet $X_{t+1} = X_t$. Dafür gibt es zwei Möglichkeiten, einmal dass von der Vorschlagsverteilung wieder der gleiche Wert wie vorher gesampelt und akzeptiert wird, oder dass der von der Vorschlagsverteilung gesampelte Wert zurückgewiesen wird. Für die Zurückweisung eines beliebigen Vorschlages (d.h. die totale Wahrscheinlichkeit für die Zurückweisung eines Vorschlages) kennen wir den Wert nicht direkt und müssen ihn mit dem Satz der totalen Wahrscheinlichkeit ermitteln. Wir können die totale Wahrscheinlichkeit für die Akzeptanz eines beliebigen Kandidaten, der vorher vorgeschlagen wurde, berechnen, indem wir über alle möglichen Vorschläge Y integrieren. Das komplementäre Ereignis zu dieser totalen Wahrscheinlichkeit ist nun die Wahrscheinlichkeit, dass ein beliebiger Vorschlag zurückgewiesen wird.

Aus der Definitionsgleichung von $\alpha(X, Y)$ folgt die folgende Identität:

$$\pi(X_t)q(X_{t+1}|X_t)\alpha(X_t, X_{t+1}) = \pi(X_{t+1})q(X_t|X_{t+1})\alpha(X_{t+1}, X_t)$$

Diese Identität geht aus der Definitionsgleichung hervor, indem man auf beiden Seiten mit $\pi(X)q(Y|X)$ multipliziert. Nun fehlt noch $\alpha(Y, X)$ auf der rechten Seite. Dies muss allerdings gleich 1 sein, wenn $\alpha(X,Y)$ kleiner 1 ist. Dies ergibt sich aus der folgenden Fallunterscheidung:

1. $\alpha(X,Y) < 1 \Rightarrow \frac{\pi(Y)q(X|Y)}{\pi(X)q(Y|X)} < 1 \Rightarrow \frac{\pi(X)q(Y|X)}{\pi(Y)q(X|Y)} > 1 \Rightarrow min\left(1, \frac{\pi(X)q(Y|X)}{\pi(Y)q(X|Y)}\right) = 1 \Rightarrow \alpha(Y,X) = 1$

2. $\alpha(X,Y) = 1 \Rightarrow \frac{\pi(Y)q(X|Y)}{\pi(X)q(Y|X)} \geq 1 \Rightarrow \frac{\pi(X)q(Y|X)}{\pi(Y)q(X|Y)} \leq 1 \Rightarrow min\left(1, \frac{\pi(X)q(Y|X)}{\pi(Y)q(X|Y)}\right) \leq 1 \Rightarrow \alpha(Y,X) \leq 1$

Ist nun wie im zweiten Fall $\alpha(Y,X) \leq 1$, kann man X und Y in der Definitionsgleichung von α vertauschen. Man verfährt nun analog, indem man mit $\pi(Y)q(X|Y)$ multipliziert. Nun kann $\alpha(X,Y)$ auf der rechten Seite ergänzt werden, weil es sich im zweiten Fall bei der Multiplikation neutral verhält. Außerdem wurde lediglich für X gleichbedeutend X_t geschrieben und Y durch X_{t+1} ersetzt.

Nun kann man noch $q(Y|X)\alpha(X,Y)$ durch $P(Y|X)$ ersetzen und sieht, dass die Verteilung $\pi(.)$ folglich für die Kette erzeugt durch Metropolis-Hastings reversibel ist. Für den Fall, dass die Kette stehen bleibt, gilt die Reversibilitäts-Gleichung natürlich auch, weil dann $X = Y$ ist und folglich auf beiden Seiten dasselbe steht.

$$\pi(X_t)P(X_{t+1}|X_t) = \pi(X_{t+1})P(X_t|X_{t+1})$$

Daraus folgt unmittelbar, dass $\pi(.)$ auch stationäre Verteilung der Kette ist. Wer diesen Sachverhalt ohne Benutzung des Satzes über reversible Verteilungen einsehen möchte, kann auch noch auf beiden Seiten nach X_t integrieren. Dies liefert:

$$\int \pi(X_t)P(X_{t+1}|X_t)dX_t = \pi(X_{t+1})$$

Dies erklärt sich dadurch, dass beim Integrieren über alle Übergangsmöglichkeiten von X_{t+1} nach X_t zwangsläufig 1 herauskommen muss. Dabei kann man $\pi(X_{t+1})$ als Konstante vor das Integral ziehen.

Interpretiert man diese Integralgleichung, so sieht man unmittelbar die Verwandtschaft zur Definition einer stationären Verteilung im diskreten Fall[7]. In diesem Fall wird das Integral zur Summe und es gilt hier $\pi P = \pi$, wobei P die Übergangsmatrix und π der

[7] siehe hierzu auch Kapitel 1.3

Vektor der stationären Verteilung ist. Dies lässt sich mit etwas Matrix-Arithmetik auch schreiben als:

$$\sum_{i=1}^{k} \pi_i P_{i,j} = \pi_j$$

Will man außerdem wissen, dass die Kette auch gegen ihre stationäre Verteilung konvergiert, muss man überprüfen, dass sie irreduzibel und aperiodisch ist, denn dies garantiert die Konvergenz und vor allem auch die Eindeutigkeit der stationären Verteilung. Nun bedeutet Irreduzibilität:

$$\forall s_i, s_j \in S \; \exists n : (P^n)_{i,j} > 0$$

Dies ist sicherlich im Fall einer kanonischen Wahl der Vorschlags-Verteilung der Fall, wenn wir von einer Normalverteilung ausgehen, die ihren Erwartungswert bei s_i hat. Es gilt dann sogar $(P^1)_{i,j} > 0$, was bedeutet, dass ein solches n mit Sicherheit existiert. Die Wahrscheinlichkeit, dass der Vorschlag s_j nun auch akzeptiert wird, ist sicherlich auch immer größer 0, denn für den Fall der Normalverteilung ist die Vorschlags-Verteilung symmetrisch, was bedeuet, dass sich in $\alpha(X,Y)$ die Terme $q(.|.)$ gegenseitig wegkürzen und die Akzeptanz des Vorschlags nun nur noch von $\pi(.)$ abhängt und dieses ist sicherlich immer größer 0. Schauen wir uns noch die Bedingung für die Aperiodizität an:

$$\forall s_i \in S : gcd\{n \geq 1 : (P^n)_{i,i} > 0\} = 1$$

Auch dies ist richtig, weil sogar $(P^1)_{i,i}$ immer größer als 0 ist, weil die Markovkette ihren momentanen Status durch Zurückweisung des generierten Kandidaten stets beibehalten kann. Falls die Zurückweisung die Wahrscheinlichkeit 0 hat, so ist aber die Wahrscheinlichkeit der Akzeptanz desselben Zustands positiv.

2.2 Implementierung des Metropolis-Algorithmus im Beispiel der Exponentialverteilung

Im Folgenden habe ich den Metropolis-Hastings Algorithmus auf die Exponentialverteilung angewendet. Die Wahrscheinlichkeitsdichtefunktion $f : [0, \infty] \rightarrow [0, \lambda]$ für die Exponentialverteilung mit Parameter $\lambda > 0$ lautet:

$$f(x) = \lambda e^{-\lambda x}$$

Es wird mittels Metropolis-Hastings eine Stichprobe generiert, die ungefähr die Verteilung π (hier: Exponentialverteilung) haben müsste, dann werden statistische Größen wie arithmetisches Mittel, Stichprobenvarianz, usw. berechnet. Bei meinen Simulationen habe ich $\lambda = \frac{1}{2}$ gesetzt, so dass als Erwartungswert $E[X] = 2$ und als Varianz $Var[X] = 4$ herauskommen müsste, weil die empirischen Kennzahlen der Stichprobe ungefähr den Kennzahlen der Verteilung π entsprechen werden. Der erwartete Fehler für den Erwartungswert ist hier, wie später bewiesen wird [8], in etwa $\Delta E[X] = 0.28$, wobei ich 1000 Samples auswerte und von einer Irrtumswahrscheinlichkeit $\alpha = 0.05$ ausgehe, die angibt, mit welcher Wahrscheinlichkeit der Fehler die Schranke $\Delta E[X]$ überschreitet. Die erwarteten Fehler für die Varianz sind ungleich höher, was die Vermutung nahe legt, dass eine vernünftige Schätzung der Varianz mit diesen Methoden nur mit erheblich größerem Rechenaufwand machbar ist. Unter den gleichen Bedingungen gilt hier $\Delta Var[X] = 3,66$.

Ich habe einen Plot angefertigt, der insgesamt 1200 Samples zeigt, wovon die ersten 200 als „Burnin“ dienen, was bedeutet dass diese Samples in die Analyse nicht einfließen, weil die Markovkette diese Zeit benötigt, um genügend nah bei der stationären Verteilung zu sein [9].

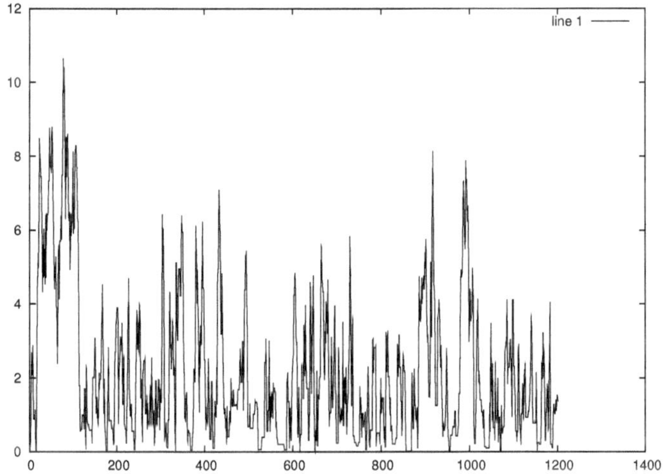

[8] siehe hierzu den Abschnitt zur Fehler-Abschätzung

[9] siehe hierzu Abschnitt 1.4 zum Konvergenzsatz

Zur Betrachtung der Fehler der Monte Carlo Schätzung befindet sich im nächsten Abschnitt mehr. Diese Betrachtung geht davon aus, dass die betrachteten Daten nach der Burnin-Periode nahezu exakt die stationäre Verteilung aufweisen. Andere Fehlerquellen, wie die Güte des Zufallsgenerators wurden also nicht berücksichtigt. Dass die Burnin-Periode dazu tatsächlich genügt, könnte fraglich sein, wenn die Verteilung nur sehr langsam konvergiert.

2.3 Fehler-Abschätzung im Beispiel der Exponetialverteilung

In unserem Beispiel mit der Exponentialverteilung gilt für die statistischen Kennzahlen der Verteilung π:

$$E[X] = \int_0^\infty x\lambda e^{-\lambda x}dx = \frac{1}{\lambda}$$

außerdem gilt

$$E[X^2] = \int_0^\infty x^2\lambda e^{-\lambda x}dx = \frac{2}{\lambda^2}$$

deswegen folgt für die Varianz

$$Var[X] = E[X^2] - E[X]^2 = \frac{2}{\lambda^2} - \left(\frac{1}{\lambda}\right)^2 = \frac{1}{\lambda^2}$$

es gilt

$$E[X^4] = \int_0^\infty x^4\lambda e^{-\lambda x}dx = \frac{24}{\lambda^4}$$

deswegen folgt für die Varianz

$$Var[X^2] = E[X^4] - E[X^2]^2 = \frac{24}{\lambda^4} - \left(\frac{2}{\lambda^2}\right)^2 = \frac{20}{\lambda^4}$$

Es gilt das schwache Gesetz der großen Zahlen, wobei alle Zufallsvariablen X_i den gleichen Erwartungswert haben und für ihre Varianz gilt: $Var[X_i] \leq M < \infty$. Dies folgt unmittelbar aus der Ungleichung von Chebychew, diese liefert jedoch nur eine recht ungenaue obere Schranke für die folgende Wahrscheinlichkeit:

$$P\left(\left|\frac{1}{n}(X_1 + X_2 + ... + X_n) - E[X_1]\right| \geq \epsilon\right) \leq \frac{M}{\epsilon^2 n}$$

Diese Ungleichung verwenden wir nun, um die Güte der Schätzung für den Erwartungswert abzuschätzen. Setzen wir eine bestimmte Sicherheitswahrscheinlichkeit α fest, so können wir eine Obergrenze für Epsilon auf die folgende Weise bestimmen:

$$\alpha = \frac{M}{\epsilon^2 n} \Leftrightarrow \epsilon = \sqrt{\frac{M}{\alpha n}}$$

Für die Schätzung des Erwartungswertes ergibt sich daraus für ϵ:

$$\Delta E[X] = \epsilon = \sqrt{\frac{1}{\lambda^2 \alpha n}} = \frac{1}{\lambda\sqrt{\alpha n}}$$

Für die Schätzung der Varianz betrachten wir die Erwartungswerte in $Var[X] = E[X^2] - E[X]^2$ jeweils einzeln und betrachten die Fehler bei ihrer Abschätzung.

Zunächst betrachten wir hierzu den Fehler bei $E[X]^2$, den wir folgendermaßen auf den Fehler von $E[X]$ zurückführen können (Dabei kommt nach dem Vorbild der Fehlerrechnung in der Physik eine Taylor-Entwicklung vom Grad 1 zum Einsatz):

$$\Delta E[X]^2 = \left(\frac{\partial}{\partial E[X]} E[X]^2\right) \Delta E[X] = 2E[X] \cdot \Delta E[X] = 2 \cdot \frac{1}{\lambda} \cdot \sqrt{\frac{1}{\lambda^2 \alpha n}} = \frac{2}{\lambda^2\sqrt{\alpha n}}$$

Für die Fehlerbetrachtung von $E[X^2]$ verwenden wir wieder das schwache Gesetz der großen Zahlen in Verbindung mit der Varianz $Var[X^2]$:

$$\Delta E[X^2] = \epsilon = \sqrt{\frac{20}{\lambda^4 \alpha n}} = \frac{\sqrt{20}}{\lambda^2\sqrt{\alpha n}}$$

Die Gesamtgröße des Fehlers der Varianz ergibt sich zu

$$\Delta Var[X] = \frac{2}{\lambda^2\sqrt{\alpha n}} + \frac{\sqrt{20}}{\lambda^2\sqrt{\alpha n}} = \frac{2+\sqrt{20}}{\lambda^2\sqrt{\alpha n}}$$

3 Gibbs-Sampler

3.1 Allgemeine Beschreibung des Gibbs-Samplers

Wir wenden uns nun einer anderen Kettenkonstruktion als beim Metropolis-Hastings-Algorithmus zu. Der Gibbs-Sampler wird hier verwendet, um Graphenfärbungen zu simulieren.

Motiviert durch die Frage, wie man ein zufälliges Objekt mit der Wahrscheinlichkeitsverteilung π auf dem Ereignisraum $S = \{s_1, s_2, ..., s_k\}$ simulieren kann, wenden wir uns dem folgenden Problem zu:

Sei $G = (V, E)$ ein Graph mit der Knotenmenge $V = \{v_1, v_2, ..., v_k\}$ und der Kantenmenge $E = \{e_1, e_2, ..., e_l\}$. In diesem Modell weisen wir den Knoten zufällig die Werte 0 und 1 zu. Dies geschieht in der Weise, dass nie zwei angrenzende Knoten beide den Wert 1 tragen. Jede Zuweisung der Werte 0 und 1 zu der Menge der Knoten heißt Konfiguration und kann als Element der Menge $\{0,1\}^V$ betrachtet werden. Konfigurationen, in denen keine zwei Einsen angrenzende Knoten besetzen, heißen zulässig.

Zufällig eine zulässige Konfiguration herauszugreifen bedeutet, jede zulässige Konfiguration mit gleicher Wahrscheinlichkeit zu ziehen. Wir schreiben μ_G für das resultierende Wahrscheinlichkeitsmaß auf $\{0,1\}^V$. Das bedeutet, für jedes $\xi \in \{0,1\}^V$ haben wir:

$$\mu_G(\xi) = \begin{cases} \frac{1}{Z_G}, & \text{wenn } \xi \text{ zulässig ist,} \\ 0, & \text{sonst,} \end{cases}$$

wobei Z_G die Anzahl der zulässigen Konfigurationen für G ist. Eine natürliche Frage könnte nun sein: Was ist die erwartete Anzahl an Einsen in einer zufälligen Konfiguration, die entsprechend μ_G gezogen wurde? Wir schreiben $n(\xi)$ für die Anzahl der Einsen in der Konfiguration ξ und X für eine zufällige Konfiguaration die entsprechend μ_G gewählt wurde. Dann ist der Erwartungswert gegeben durch:

$$E[n(X)] = \sum_{\xi \in \{0,1\}^V} n(\xi)\mu_G(\xi) = \frac{1}{Z_G} \sum_{\xi \in \{0,1\}^V} n(\xi) I_{\{\xi \text{ ist zulässig}\}}$$

Anmerkung: Dies gilt, weil die Indikatorfunktion gerade 1 ergibt, wenn ξ zulässig ist und dieser Wert dann vor der Summe durch Z_G dividiert wird. Bei nicht zulässigen Werten nimmt die Indikatorfunktion den Wert 0 an.

Die Berechnung dieser Summen ist nahezu unmöglich, da die Anzahl der möglichen Konfigurationen mit der Größe des Graphen exponentiell anwächst. Dabei ist auch die Berechnung von Z_G sehr schwierig. Auch wenn die exakte Berechnung jenseits der Möglichkeiten unserer Rechenkapazitäten liegt, so kann es doch vernünftig sein, Simulationen anzuwenden. Wenn wir wissen, wie wir eine zufällige Konfiguration X mit der Verteilung μ_G simulieren können, so können wir dies auch sehr oft ausführen. Durch das Gesetz der großen Zahlen wissen wir nun, dass die Schätzung des Erwartungswertes immer besser wird, je größer die Stichprobe ist, die wir simulieren.

Die Schätzung des Erwartungswertes erfolgt dabei nach folgender Formel, wobei X_i ungefähr wie X verteilt ist:

$$E[n(X)] \approx \frac{1}{m} \sum_{i=1}^{m} n(X_i)$$

Genauer gesagt können wir den Fehler, den wir dabei machen durch das schwache Gesetz der großen Zahlen abschätzen. Dieses lässt sich unmittelbar durch Anwendung der Ungleichung von Chebychew einsehen. Hinzu kommt jedoch noch der Fehler der sich durch die Verteilung der X_i ergibt, deren Verteilung nie absolut genau π entsprechen kann. Betrachtet wird hier lediglich der Fehler durch die Auswahl der Stichprobe. Das schwache Gesetz der großen Zahlen besagt, dass für Zufallsvariablen mit gleichem Erwartungswert $E[Y_i]$ und beschränkter Varianz $Var[Y_i] \leq M < \infty$ die Wahrscheinlichkeit für die Abweichung der Schätzung des Erwartungswertes von dem wahren Wert um mehr als ein vorgegebenes ϵ nach oben beschränkt ist. In Formeln:

$$P\left(\left|\frac{1}{n}(Y_1 + Y_2 + ... + Y_n) - E[Y_1]\right| \geq \epsilon\right) \leq \frac{M}{\epsilon^2 n}$$

Sei hier $Y_i = n(X_i)$, dann können wir eine obere Schranke für die Abweichung der Schätzung angeben, falls wir die Varianz $Var[n(X_i)]$ kennen. Diese ist aber nicht unmittelbar zugänglich, wir müssen sie ebenfalls schätzen:

$$Var[n(X_i)] \approx \frac{1}{m-1} \sum_{i=1}^{m} (n(X_i) - E[n(X_i)])^2$$

Kommen wir nun zu einem Markov-Chain Monte Carlo Algorithmus (MCMC) zur Simulation der Verteilung μ_G: Dazu wollen wir eine Sichprobe $X_1, X_2, ...$ ziehen die zumindest approximativ gemäß μ_G verteilt ist. Um den erwünschten MCMC Algorithmus zu bekommen, müssen wir eine Markovkette konstruieren, deren Ereignisraum die Menge der zulässigen Konfigurationen ist. Das bedeutet:

$$S = \{\xi \in \{0,1\}^V : \xi \text{ ist zulässig}\}$$

Zusätzlich soll die Markovkette irreduzibel und aperiodisch sein und als stationäre Verteilung μ_G besitzen. Eine Markovkette mit den gewünschten Eigenschaften kann konstruiert werden, indem der folgende Übergangsmechanismus benutzt wird (Dabei ist $X_n(v)$ der Wert der Konfiguration X_n an der Stelle v):

1. Greife zufällig einen Knoten $v \in V$ heraus (gleichmäßig verteilt)
2. Werfe eine faire Münze
3. Wenn die Münze Kopf zeigt und alle Nachbarn von v den Wert 0 in X_n besitzen, dann sei $X_{n+1}(v) = 1$, sonst sei $X_{n+1}(v) = 0$.
4. Für alle anderen Knoten w anders als v, lasse den Wert von w unverändert, das bedeutet sei $X_{n+1}(w) = X_n(w)$.

Wir zeigen nun, dass μ_G die stationäre Verteilung für diese Markovkette darstellt. Dafür genügt es, dass μ_G für diese Markovkette reversibel ist. Stellt $P_{\xi,\xi'}$ die Übergangswahrscheinlichkeit von ξ nach ξ' dar, mit dem oben beschriebenen Übergangs-Mechanismus, müssen wir noch nachweisen:

$$\mu_G(\xi)P_{\xi,\xi'} = \mu_G(\xi')P_{\xi',\xi}$$

Für je zwei zulässige Konfigurationen ξ und ξ' schreiben wir $d = d(\xi,\xi')$ für die Anzahl der Knoten, in denen sich ξ und ξ' unterscheiden. Nun behandeln wir die drei Fälle $d = 0$, $d = 1$ und $d \geq 2$ separat. Zunächst bedeutet der Fall $d = 0$, dass $\xi = \xi'$ gilt. In diesem Fall ist die Richtigkeit der Gleichung unmittelbar einsichtig. Auch der Fall $d \geq 2$ ist trivial, denn die Markovkette ändert niemals die Werte von zwei Knoten zur selben Zeit. Auf diese Weise wären sowohl $P_{\xi,\xi'}$, als auch $P_{\xi',\xi}$ beide gleich null, wodurch beide Seiten der Gleichung ebenfalls null werden.

Bleibt noch der Fall $d = 1$. In diesem Falle gilt die Gleichung:

$$\mu_G(\xi)P_{\xi,\xi'} = \frac{1}{Z_G}\frac{1}{2k} = \mu_G(\xi')P_{\xi',\xi}$$

Dies lässt sich dadurch erklären, dass der Zustandsraum der Markovkette nur zulässige Konfigurationen umfasst und deswegen für jedes zulässige ξ gilt: $\mu_G(\xi) = \frac{1}{Z_G} = \mu_G(\xi')$. Für die Übergangswahrscheinlichkeiten P lässt sich anmerken, dass für beide Konfigurationen ξ und ξ' jeweils die Nachbarn von v, in dem sich die beiden Konfigurationen unterscheiden, alle den Wert Null haben müssen, denn sonst wäre der Wert von v in einer der beiden Konfigurationen nicht zulässig. Daher wechselt der Wert von v, wenn der Knoten v einerseits mit der Wahrscheinlichkeit $\frac{1}{k}$ ausgewählt wird und die Münze mit der Wahrscheinlichkeit $\frac{1}{2}$ Kopf, bzw. Zahl beim gegenteiligen Übergang zeigt. Insgesamt also $P_{\xi,\xi'} = \frac{1}{2k} = P_{\xi',\xi}$.

3.2 Implementierung des Gibbs-Sampler Beispiels

Eine Implementierung des oben beschriebenen Gibbs-Samplers zur Ermittlung der erwarteten Anzahl der mit Schwarz bzw. 1 besetzten Knoten lieferte folgendes Ergebnis: (Zugrundegelegt wurde hierbei ein Gitter der Größe 10×10 und alle Knoten wurden mit 0 initialisiert)

$$E[n(X)] \approx 25,52$$

$$Var[n(X)] \approx 5,98$$

Dazu habe ich noch einen Plot von $n(X_i)$ gegen i für $i \in \{1, 2, 3, ..., 1200\}$ angefertigt. Die ersten 200 Samples dienen hierbei als „Burnin“. Diese Zeit wird von der Markovkette benötigt, um mit genügend großer Genauigkeit gegen die stationäre Verteilung zu konvergieren. Daher werden die ersten 200 Samples bei der Berechnung von Erwartungswert und Varianz nicht berücksichtigt, das bedeutet, sie werden vorher abgeschnitten.

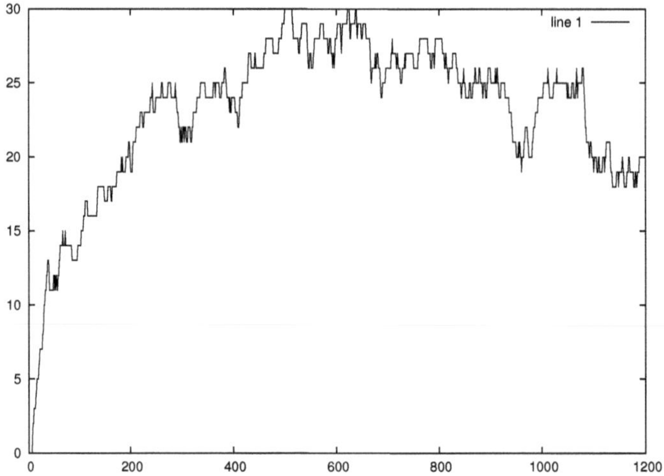

Eine Abschätzung der Genauigkeit des ermittelten Erwartungswertes mit Hilfe des schwachen Gesetzes der großen Zahlen, welches sich durch Anwendung der Ungleichung von Chebychew ergibt, liefert für den reinen Stichprobenfehler, der den Verteilungsfehler unberücksichtigt lässt:

$$\alpha = \frac{M}{\epsilon^2 n} \Leftrightarrow \epsilon = \sqrt{\frac{M}{\alpha n}} = \sqrt{\frac{5,98}{0,05 \cdot 1000}} = 0,3458$$

Das bedeutet, dass mit 95% Wahrscheinlichkeit die Abweichung der Schätzung des Erwartungswertes von seinem wahren Wert höchstens 0,3458 beträgt. Man muss allerdings beachten, dass dieser Ansatz davon ausgeht, dass die Verteilung aller Samples nach der Burnin-Periode exakt der stationären Verteilung der Markovkette entspricht. Mit welcher Genauigkeit dies allerdings zutrifft sei hier offen gelassen.

3.3 Verallgemeinerung auf q-Färbungen

Sei $G = (V, E)$ ein Graph und sei $q \geq 2$ eine natürliche Zahl. Eine q-Färbung des Graphen G ist eine Zuweisung von Werten aus $\{1, ..., q\}$ mit der Eigenschaft, dass keine zwei angrenzenden Knoten den selben Wert haben dürfen. Mit einer zufälligen q-Färbung von G meinen wir eine q-Färbung, die uniform verteilt aus der Menge der möglichen q-Färbungen von G gewählt wird. Wir schreiben $\rho_{G,q}$ für die dazugehörige Wahrscheinlichkeitsverteilung auf S^V.

Für einen Knoten $v \in V$ und eine Zuweisung ξ von Farben zu den Knoten ausgenommen v, ist die bedingte $\rho_{G,q}$-Verteilung der Farbe von v uniform über die Menge von allen Farben, die nicht in ξ besetzt ist von irgendeinem Nachbar von v. Ein Gibbs-Sampler für zufällige q-Färbungen ist deswegen eine Markovkette mit der Wertemenge S^V, wobei zu jeder Zeit $n+1$ die Übergänge folgendermaßen stattfinden:

1. Wähle einen Knoten $v \in V$ zufällig (uniform verteilt).

2. Wähle $X_{n+1}(v)$ entsprechend der uniformen Verteilung über die Menge von Farben, die nicht von einem Nachbarn von v angenommen werden[10].

3. Lasse die Farbe unverändert für alle anderen Knoten, d.h. sei $X_{n+1}(w) = X_n(w)$ für alle Knoten $w \in V$ ausgenommen v.

Diese Kette ist aperiodisch und hat $\rho_{G,q}$ als stationäre Verteilung. Ob die Kette zusätzlich noch irreduzibel ist, hängt von G und q ab und es handelt sich hierbei im allgemeinen um ein nicht triviales Problem, dies zu bestimmen. In dem Fall, dass wir zeigen können, dass die Kette irreduzibel ist, wird aus diesem Gibbs-Sampler ein brauchbarer MCMC Algorithmus.

Hier noch einige Bemerkungen zu weiteren Quellen: Das Standardwerk zu MCMC scheint in heutiger Zeit das von Gilks, Richardson und Spiegelhalter herausgegebene Buch[11] zu sein. Ein anderes Buch welches ebenfalls empfehlenswert zu dieser Thematik ist, ist die Forschungs-Monographie von Sinclair[12]. Für den Spezialfall der Simulation der schwarz-weiß Färbung der Knoten des Gitters, welches als Beispiel für einen Gibbs-Sampler herangezogen wurde, siehe beispielsweise das Papier von Luby und Vigoda[13].

[10] In praktischen Anwendungen wird dies meist umgesetzt, indem man zunächst eine zufällige Permutation der q Farben generiert und anschließend alle Farben, die von Nachbarn von v angenommen werden, einfach aus dieser Permutation löscht. Die erste Farbe des resultierenden Tupels wird dann als neue Farbe von v verwendet

[11] Gilks, W., Richardson, S., Spiegelhalter, D. (1996) Markov Chain Monte Carlo in Practice, Chapman & Hall, London

[12] Sinclair, A. (1993) Algorithms for Random Generation and Counting. A Markov Chain Approach, Birkhäuser, Boston

[13] Luby, M., Vigoda, E. (1999) Fast convergence of the Glauber dynamics for sampling independent sets, Random Structures and Algorithms 15, Seiten 229-241

4 Approximate counting

4.1 Problemstellung

In diesem Abschnitt interessieren wir uns für Algorithmen, um Zählprobleme zu lösen. Um einige generelle Techniken zu zeigen, sollten wir uns noch mal dem Beispiel mit den möglichen q-Färbungen eines Graphen aus dem letzten Abschnitt zuwenden. Insbesondere werden wir sehen, wie sich die MCMC-Technik als nützlich in diesem Kontext erweist.

Wenn man naiv an das Problem herangehen würde, könnte man glauben, das Problem lösen zu können, indem man einfach alle möglichen Konfigurationen, also Elemente von $\{1, ..., q\}^V$, in lexikographischer Reihenfolge durchgeht und dann alle davon zählt, bei denen es sich um zulässige Konfigurationen handelt. Leider handelt es sich hierbei um einen sehr zeitaufwendigen Algorithmus, denn die Elemente von $\{1, ..., q\}^V$ wachsen exponentiell mit der Mächtigkeit von V an.

Insbesondere sind wir deshalb hier interessiert, Algorithmen zu finden, die eine polynomiale Laufzeit besitzen. Das bedeutet, dass ein Polynom $p(k)$ in der Größe k des Problems existiert, so dass die Laufzeit begrenzt ist durch $p(k)$, für jede Instanz des Problems der Größe k. Das ist dasselbe, wie nach Algorithmen zu fragen, deren Laufzeit durch Ck^α begrenzt ist, für irgendwelche Konstanten C und α.

In vielen Fällen können wir aber noch nicht einmal das erreichen und müssen uns mit Algorithmen zufriedengeben, die die Mächtigkeit der Menge aproximieren, d.h. deren Ausgabe sich irgendwo zwischen $(1 - \epsilon)N$ und $(1 + \epsilon)N$ befindet, wenn N die wahre Mächtigkeit der Menge ist. Die Fehlertoleranz ϵ erhält der Algorithmus als Eingabe, so dass der Fehler beliebig klein werden kann, wenn man dadurch eine größere Laufzeit in kauf nimmt, die aber immer durch ein Polynom $p_\epsilon(k)$ in der Größe des Problems begrenzt ist.

Leider können wir in vielen Fällen aber noch nicht einmal sicher stellen, dass sich das Ergebnis des Algorithmus immer innerhalb der vorgegbenen Fehlerschranken bewegt, sondern dies nur mit einer Wahrscheinlichkeit von $\frac{2}{3}$ der Fall ist. Das bedeutet, dass wenn wir dem Algorithmus ϵ als Eingabe geben, dieser folgende Eigenschaften besitzt:

1. Mit einer Wahrescheinlichkeit von mindestens $\frac{2}{3}$, gibt der Algorithmus eine Antwort im Bereich $(1-\epsilon)N$ und $(1+\epsilon)N$ aus, wobei N die wahre Antwort des Zählproblems

darstellt.

2. Für jedes $\epsilon > 0$ existiert ein Polynom $p_\epsilon(k)$ in der Größe k des Problems, so dass für jedes Auftreten des Problems der Größe k der Algorithmus in höchstens $p_\epsilon(k)$ Schritten terminiert.

Ein solcher Algorithmus heißt zufälliges Polynom-Zeit Approximations-Schema. Dieser Abschnitt beschäftigt sich mit der Konstruktion eines solchen Schemas für die q-Färbungen von Graphen.

4.2 Existenz-Theorem

Kommen wir nun zu dem eigentlichen Theorem, welches wir in diesem Abschnitt beweisen wollen:

Theorem Fixiere zwei ganze Zahlen q und $d \geq 2$, so dass $q > 2d^2$ und betrachte das Problem, für einen Graphen die q-Färbungen zu zählen, wobei jeder Knoten höchstens d Nachbarn hat. Für dieses Problem existiert ein zufälliges Polynom-Zeit Approximations-Schema.

Betrachte einen Graphen $G = (V, E)$ mit k Knoten und schreibe $Z_{G,q}$ für die Anzahl der zulässigen q-Färbungen von G. Ein naiver Algorithmus könnte sein, zufällig Konfigurationen uniform verteilt aus der Menge der Konfigurationen $\{1, ..., q\}^V$ herauszugreifen und dann zu prüfen, ob es sich um eine zulässige Konfiguration handelt. Da es $Z_{G,q}$ zulässige Konfigurationen von insgesamt q^k möglichen gibt, ziehen wir stets eine zulässige Konfiguration mit der Wahrscheinlichkeit $\frac{Z_{G,q}}{q^k}$. Wir wiederholen dieses Experiment n mal und schreiben Y_n für die Anzahl von q-Färbungen, die wir dabei erhalten haben. Für den Erwartungswert von Y_n egibt sich:

$$E[Y_n] = n\frac{Z_{G,q}}{q^k}$$

Daraus erhalten wir:

$$E\left[\frac{q^k Y_n}{n}\right] = Z_{G,q}$$

Jetzt könnte man meinen, dass es sich hiebei um einen brauchbaren Schätzer für $Z_{G,q}$ handelt. Tatsächlich sichert das Gesetz der großen Zahlen zu, dass für jedes $\epsilon > 0$ der

Schätzer $\frac{q^k Y_n}{n}$ mit einer Wahrscheinlichkeit zwischen $(1-\epsilon)Z_{G,q}$ und $(1+\epsilon)Z_{G,q}$ liegt, die gegen 1 strebt, für $n \to \infty$. Leider handelt es sich aber bei $\frac{Z_{G,q}}{q^k}$ um eine sehr kleine Wahrscheinlichkeit, so dass n groß genug gewählt sein muss, so dass Y_n überhaupt von 0 verschieden ist. Daher betrachten wir die Wahrscheinlichkeit $P(Y_n > 0)$:

$$\begin{aligned} P(Y_n > 0) &= P(\text{mindestens eine der ersten n Simulationen ergibt eine q-Färbung}) \\ &\leq \sum_{i=1}^{n} P(\text{die i-te Simulation ergibt eine q-Färbung}) \\ &\leq n \left(\frac{q-1}{q}\right)^{k-1} \end{aligned}$$

Diese Wahrscheinlichkeit ergibt sich, weil es sich bei dem minimalen zusammenhängenden Graph um einen Pfad handeln muss (bei allen anderen Graphen ist die Wahrscheinlichkeit für eine q-Färbung noch geringer). Die Farbe des ersten Knoten im Pfad ist beliebig und die anderen Knoten nehmen jeweils eine andere Farbe als ihr Vorgänger an mit der Wahrscheinlichkeit $\frac{q-1}{q}$. Um die Wahrscheinlichkeit $P(Y_n > 0)$ groß genug zu machen, sagen wir, größer als $\frac{1}{2}$, muss für n gelten[14]:

$$n \geq \frac{1}{2}\left(\frac{q}{q-1}\right)^{k-1}$$

Und dieser Ausdruck wächst exponentiell in k, was den Algorithmus unbbrauchbar für große Graphen macht. Dieses Resultat legt nahe, dass es unsere Aufgabe sein wird, Wahrscheinlichkeiten zu finden, deren Größe sich besser für eine Abschätzung durch Simulation eignet.

4.3 Beweis: erster Teil

Nehme an, dass der Graph $G = (V, E)$ k Knoten und $\tilde{k}$ Kanten besitzt, mit der Annahme, dass $\tilde{k} \leq dk$. Benenne die Kantenmenge E als $\{e_1, ..., e_{\tilde{k}}\}$ und definiere die Untergraphen $G_0, G_1, ..., G_{\tilde{k}}$ wie folgt: Sei $G_0 = (V, \emptyset)$ der Graph mit der Knotenmenge V und keinen Kanten und für $j = 1, ..., \tilde{k}$, sei

$$G_j = (V, \{e_1, ..., e_j\})$$

[14]Dies ist jedoch lediglich notwendig und nicht hinreichend, denn es folgt lediglich aus $n \leq \frac{1}{2}\left(\frac{q}{q-1}\right)^{k-1}$, dass $P(Y_n > 0) \leq \frac{1}{2}$.

In anderen Worten ist G_j der Graph, der aus G erhalten wird, indem die Kanten $e_{j+1}, ..., e_{\tilde{k}}$ gelöscht werden. Nun sei für $j = 0, ..., \tilde{k}$ die Anzahl der q-Färbungen für den Graph G_j benannt als Z_j. Weil $G_{\tilde{k}} = G$, ist die Zahl die wir berechnen wollen $Z_{\tilde{k}}$. Diese Zahl kann auch geschrieben werden als

$$Z_{\tilde{k}} = \frac{Z_{\tilde{k}}}{Z_{\tilde{k}-1}} \times \frac{Z_{\tilde{k}-1}}{Z_{\tilde{k}-2}} \times ... \times \frac{Z_2}{Z_1} \times \frac{Z_1}{Z_0} \times Z_0$$

Wenn wir jeden Faktor in dem Teleskopprodukt mit genügend großer Genauigkeit approximieren können, können wir diese Schätzungen multiplizieren, um eine genügend genaue Schätzung für $Z_{\tilde{k}}$ zu erhalten[15]. Bemerken wir, dass der letzte Faktor Z_0 trivial zu berechnen ist: Weil G_0 keine Kanten hat, ist jede Zuweisung von Farben aus $\{1, ..., q\}$ zu den Knoten eine zulässige q-Färbung. Weil G_0 nun k Knoten besitzt, ergibt sich:

$$Z_0 = q^k$$

Betrachte einen anderen Faktor $\frac{Z_j}{Z_{j-1}}$ im Teleskopprodukt. Schreibe x_j und y_j für die Endknoten der Kante e_j, welche in G_j enthalten ist, aber nicht in G_{j-1}. Die q-Färbungen von G_j sind exakt die Konfigurationen $\xi \in \{1, ..., q\}^V$, welche q-Färbungen von G_{j-1} sind und zusätzlich noch $\xi(x_j) \neq \xi(y_j)$ erfüllen. Deswegen ist das Verhältnis $\frac{Z_j}{Z_{j-1}}$ exakt der Anteil von q-Färbungen ξ von G_{j-1}, die $\xi(x_j) \neq \xi(y_j)$ erfüllen. Das bedeutet, dass gilt:

$$\frac{Z_j}{Z_{j-1}} = \rho_{G_{j-1,q}}(X(x_j) \neq X(y_j))$$

d.h. $\frac{Z_j}{Z_{j-1}}$ entspricht der Wahrscheinlichkeit, dass eine zufällige Färbung X von G_{j-1}, gewählt gemäß der uniformen Verteilung $\rho_{G_{j-1,q}}$, $X(x_j) \neq X(y_j)$ erfüllt. Der wesentliche Punkt ist nun, dass die Wahrscheinlichkeit $\rho_{G_{j-1,q}}(X(x_j) \neq X(y_j))$ geschätzt werden kann, indem wir den Simulations-Algorithmus für $\rho_{G_{j-1,q}}$ verwenden, den wir aus dem Abschnitt über den Gibbs-Sampler kennen. D.h. wenn wir eine zufällige q-Färbung $X \in \{1, ..., q\}^V$ für G_{j-1} viele Male simulieren (dazu sind genügend Schritte mit dem Gibbs-Sampler nötig), dann wird der Anteil von Simulationen, die Konfigurationen hervorbringen, welche verschiedene Farben bei x_j und y_j haben, mit großer Sicherheit nah bei dem gewünschten Ausdruck liegen. Wir können diese Prozedur benutzen, um jeden Faktor im Teleskopprodukt zu schätzen und diese anschließend zu multiplizieren, um eine gute Schätzung für $Z_{\tilde{k}}$ zu erhalten.

[15] Jedoch darf keiner dieser Faktoren im Teleskopprodukt den Wert 0 annehmen, was jedoch durch die globale Voraussetzung der q-Färbbarkeit des Graphen stets gegeben ist.

Nötige Lemmas

Lemma 1 Fixiere $\epsilon \in [0,1]$, sei k eine positive ganze Zahl, und seien $a_1, ..., a_k$ und $b_1, ..., b_k$ positive Zahlen, die folgendes erfüllen:

$$\left(1 - \frac{\epsilon}{2k}\right) \leq \frac{a_j}{b_j} \leq \left(1 + \frac{\epsilon}{2k}\right),$$

für $j = 1, ..., k$. Definiere die Produkte $a = \prod_{j=1}^{k} a_j$ und $b = \prod_{j=1}^{k} b_j$. Dann ergibt sich:

$$1 - \epsilon \leq \frac{a}{b} \leq 1 + \epsilon$$

Beweis Nach der Bernoulli-Ungleichung, die besagt $(1+x)^n \geq 1 + nx$ für $x > -1$ und $n \in \mathbb{N}$, gilt:

$$\left(1 - \frac{\epsilon}{2k}\right)^k \geq 1 - k\frac{\epsilon}{2k}$$

Daraus folgt:

$$\frac{a}{b} = \prod_{j=1}^{k} \frac{a_j}{b_j} \geq \prod_{j=1}^{k} \left(1 - \frac{\epsilon}{2k}\right) = \left(1 - \frac{\epsilon}{2k}\right)^k$$
$$\geq 1 - k\frac{\epsilon}{2k} = 1 - \frac{\epsilon}{2} \geq 1 - \epsilon$$

Für die zweite Ungleichung bemerken wir, dass $e^x > 1 + x$ für $x > 0$ und außerdem, dass $e^{\frac{x}{2}} \leq 1 + x$ für alle $x \in [0,1]$. Nun gilt:

$$\frac{a}{b} = \prod_{j=1}^{k} \frac{a_j}{b_j} \leq \prod_{j=1}^{k} \left(1 + \frac{\epsilon}{2k}\right) \leq \prod_{j=1}^{k} exp\left(\frac{\epsilon}{2k}\right)$$
$$= exp\left(\frac{\epsilon}{2}\right) \leq 1 + \epsilon$$

Lemma 2 Fixiere $d \geq 2$ und $q > 2d^2$. Sei $G = (V, E)$ ein Graph, in dem kein Knoten mehr als d Nachbarn hat und wähle eine zufällige q-Färbung X für G gemäß der uniformen Verteilung $\rho_{G,q}$. Dann gilt für jegliche verschiedene Knoten $x, y \in V$, dass die Wahrscheinlichkeit, dass $X(x) \neq X(y)$ folgendes erfüllt:

$$\rho_{G,q}(X(x) \neq X(y)) \geq \frac{1}{2}.$$

Beweis Bemerke zunächst, dass wenn x und y Nachbarn in G sind, diese Aussage trivial wird, denn die linke Seite ist dann gleich 1. Wir fahren fort, indem wir betrachten, was der Fall ist, wenn x und y keine Nachbarn sind. Betrachte das folgende Experiment, welches lediglich ein Weg ist, die zufällige Färbung $X \in \{1, ..., q\}^V$ zu finden: Zunächst schauen wir uns die Färbung $X(V \backslash \{x\})$ von allen Knoten ausgenommen x an, und erst dann schauen wir uns die Farbe bei x an. Weil $\rho_{G,q}$ uniform über alle Färbungen ist, haben wir, dass die bedingte Verteilung der Farbe $X(x)$, gegeben $X(V \backslash \{x\})$ uniform über alle Farben ist, die nicht von irgendeinem Nachbarn von x besetzt ist. Daher hat x mindestens $q - d$ Farben zum Auswählen, so dass die bedingte Wahrscheinlichkeit, genau die Farbe zu erhalten, die der Knoten y erhalten hat, höchstens $\frac{1}{q-d}$ ist, unabhängig davon, welche besondere Färbung $X(V \backslash \{x\})$ wir bei den anderen Knoten erhalten haben. Es folgt, dass $\rho_{G,q}(X(x) = X(y)) \leq \frac{1}{q-d}$, so dass:

$$\begin{aligned} \rho_{G,q}(X(x) \neq X(y)) &= 1 - \rho_{G,q}(X(x) = X(y)) \\ &\geq 1 - \frac{1}{q-d} \geq 1 - \frac{1}{2d^2 - d} \\ &\geq 1 - \frac{1}{2} = \frac{1}{2}. \end{aligned}$$

Lemma 3 Fixiere $p \in [0, 1]$ und eine positive ganze Zahl n. Werfe eine Münze mit der Wahrscheinlichkeit p für Kopf n mal, und sei H die Anzahl Ausfälle, in denen Kopf erscheint. Dann ergibt sich für jedes $a > 0$, dass:

$$P(|H - np| \geq a) \leq \frac{n}{4a^2}.$$

Beweis Bemerke, dass H eine binomialverteilte (n, p) Zufallsvariable ist. Deswegen ergibt sich für den Erwartungswert $E[H] = np$ und für die Varianz $Var[H] = np(1 - p)$. Nun liefert Chebychews Ungleichung:

$$P(|H - np| \geq a) \leq \frac{np(1-p)}{a^2} \leq \frac{n}{4a^2},$$

unter Ausnutzung der Tatsache, dass $p(1 - p) \leq \frac{1}{4}$ für alle $p \in [0, 1]$.

4.4 Beweis: zweiter Teil

Wir müssen nun noch etwas Notation einführen: Für $j = 1, ..., \tilde{k}$ schreiben wir Y_j für den zufälligen Schatzer des Algorithmus für $\frac{Z_j}{Z_{j-1}}$. Außerdem definieren wir die Produkte

$Y = \prod_{j=1}^{\tilde{k}} Y_j$ und

$$Y^* = Z_0 Y = q^k Y = q^k \prod_{j=1}^{\tilde{k}} Y_j.$$

Wegen der Definition des Teleskopproduktes für $Z_{\tilde{k}}$ können wir Y^* als Schätzer für die gesuchte Größe $Z_{\tilde{k}}$ benutzen, also als Ausgabe des Algorithmus. Zunächst aber müssen wir für $j = 1, ..., \tilde{k}$ den Schätzer Y_j für $\frac{Z_j}{Z_{j-1}}$ generieren. Nun stellt sich die Frage, welchen Fehler wir für jeden dieser Schätzer $Y_1, ..., Y_{\tilde{k}}$ zulassen können. Nun nehmen wir an, dass wir sicherstellen können, dass

$$\left(1 - \frac{\epsilon}{2\tilde{k}}\right) \frac{Z_j}{Z_{j-1}} \leq Y_j \leq \left(1 + \frac{\epsilon}{2\tilde{k}}\right) \frac{Z_j}{Z_{j-1}}$$

für jedes j. Dies ist nun gleichbedeutend mit

$$1 - \frac{\epsilon}{2\tilde{k}} \leq \frac{Y_j}{Z_j/Z_{j-1}} \leq 1 + \frac{\epsilon}{2\tilde{k}}.$$

Wenn wir nun Lemma 1 berücksichtigen, folgt damit auch

$$1 - \epsilon \leq \frac{Y}{\prod_{j=1}^{\tilde{k}} (Z_j/Z_{j-1})} \leq 1 + \epsilon.$$

Dies lässt sich vereinfachen zu

$$1 - \epsilon \leq \frac{Y}{Z_{\tilde{k}}/Z_0} \leq 1 + \epsilon.$$

Weil nun nach Definition des Schätzers $Y^* = Z_0 Y$ gilt, folgt:

$$1 - \epsilon \leq \frac{Y^*}{Z_{\tilde{k}}} \leq 1 + \epsilon$$

Wir können dies nun auch umschreiben als

$$(1 - \epsilon) Z_{\tilde{k}} \leq Y^* \leq (1 + \epsilon) Z_{\tilde{k}}$$

Dies ist genau die Forderung für ein zufälliges Polynom-Zeit Approximations-Schema, die wir an den Schätzer stellen müssen. Es genügt nun Y_j's zu erhalten, die die oben beschriebenen Fehlerschranken einhalten und unserer Schätzer Y^* wird den Anforderungen an den Algorithmus genügen. Schreiben wir unsere Forderung an die Y_j noch mal anders auf als

$$-\frac{\epsilon}{2\tilde{k}} \frac{Z_j}{Z_{j-1}} \leq Y_j - \frac{Z_j}{Z_{j-1}} \leq \frac{\epsilon}{2\tilde{k}} \frac{Z_j}{Z_{j-1}}$$

Wegen Lemma 2 gilt nun immer $\frac{Z_j}{Z_{j-1}} \geq \frac{1}{2}$, d.h. es ist genug, von den Y_j zu fordern, dass

$$-\frac{\epsilon}{4\tilde{k}} \leq Y_j - \frac{Z_j}{Z_{j-1}} \leq \frac{\epsilon}{4\tilde{k}}.$$

Fehlerquellen

Erinnern wir uns, dass wir Y_j erhalten, indem wir zufällige q-Färbungen für G_{j-1} viele Male simulieren, indem wir den Gibbs-Sampler aus dem vorherigen Abschnitt benutzen. Dabei ermitteln wir Y_j als den Anteil von Simulationen, die q-Färbungen ξ liefern, die $\xi(x_j) \neq \xi(y_j)$ erfüllen. Es gibt zwei Fehlerquellen in dieser Prozedur, nämlich

1. den Gibbs-Sampler (welchen wir in irgendeiner fixierten, aber willkürlichen q-Färbung ξ starten lassen), der nur eine endliche Zahl von n Schritten läuft, so dass die Verteilung $\mu^{(n)}$ der Färbungen, die von ihm produziert werden, etwas abweichen kann von der Ziel-Verteilung $\rho_{G_{j-1},q}$.

2. die Tatsache, dass nur endlich viele Simulationen durchgeführt werden, so dass der Anteil Y_j von q-Färbungen ξ, welche $\xi(x_j) \neq \xi(y_j)$ erfüllen, etwas abweichen kann von seinem Erwartungswert $\mu^{(n)}(X(x_j) \neq X(y_j))$.

Nach unserem letzten Resultat darf Y_j höchstens $\frac{\epsilon}{4k}$ von $\frac{Z_j}{Z_{j-1}} = \rho_{G_{j-1},q}(X(x_j) \neq X(y_j))$ abweichen. Ein Weg, dies zu erreichen, ist sicherzustellen, dass

$$\left|\mu^{(n)}(X(x_j) \neq X(y_j)) - \rho_{G_{j-1},q}(X(x_j) \neq X(y_j))\right| \leq \frac{\epsilon}{8\tilde{k}}$$

und dass

$$\left|Y_j - \mu^{(n)}(X(x_j) \neq X(y_j))\right| \leq \frac{\epsilon}{8\tilde{k}}.$$

In anderen Worten haben wir den erlaubten Fehler $\frac{\epsilon}{4k}$ gleichmäßig auf die zwei Fehlerquellen 1 und 2 aufgeteilt. Zunächst wollen wir schauen, wie viele Schritte wir den Gibbs-Sampler laufen lassen müssen, um den Fehler aus 1 klein genug werden zu lassen, so dass die oben geforderte Fehlerschranke gilt. Dazu benutzen wir eine Formel für den Verteilungsfehler, die hier nicht weiter bewiesen werden soll[16]. Um zu ereichen, dass $d_{TV}(\mu^{(n)}, \pi) \leq \epsilon$ gilt, d.h dass die Verteilung zum Zeitpunkt n eines Gibbs Samplers um höchstens ϵ von seiner stationären Verteilung abweicht, müssen wir n mindestens so groß wählen, dass gilt:

$$n \geq k \left(\frac{log(k) + log(\epsilon^{-1}) - log(d)}{log\left(\frac{q}{2d^2}\right)} + 1 \right)$$

[16]Siehe hierzu: Häggström, O. (2002) Finite Markov Chains and Algorithmic Applications, Cambridge University Press, Seite 56

In unserem speziellen Falle wollen wir erreichen, dass gilt:

$$d_{TV}(\mu^{(n)}, \rho_{G_{j-1},q}) \leq \frac{\epsilon}{8\tilde{k}}$$

Verwenden wir die oben genannte Formel für den Verteilungsfehler, so ergibt sich als untere Schranke für die Schrittzahl n:

$$k\left(\frac{log(k) + log\left(\frac{8\tilde{k}}{\epsilon}\right) - log(d)}{log\left(\frac{q}{2d^2}\right)} + 1\right)$$

$$\leq k\left(\frac{log(k) + log\left(\frac{8dk}{\epsilon}\right) - log(d)}{log\left(\frac{q}{2d^2}\right)} + 1\right)$$

$$= k\left(\frac{2log(k) + log(\epsilon^{-1}) + log(8)}{log\left(\frac{q}{2d^2}\right)} + 1\right)$$

Als nächstes betrachten wir die Anzahl an Simulationen von q-Färbungen von G_{j-1}, die benötigt werden, um den Fehler aus 2 klein genug werden zu lassen, so dass die oben geforderte Fehlerschranke mit hinreichend hoher Wahrscheinlichkeit gilt. Wegen der Definition eines zufälligen Polynom-Zeit Approximations-Schemas darf der Algorithmus mit einer Wahrscheinlichkeit von höchstens $\frac{1}{3}$ fehlschlagen, d.h. eine Antwort liefern, die nicht innerhalb der geforderten Fehlerschranken liegt. Weil wir $\tilde{k}$ einzelne Schätzer Y_j berechnen müssen, können wir zulassen, dass jeder einzelne mit einer Wahrscheinlichkeit $\frac{1}{3\tilde{k}}$ fehlschlägt. Die Wahrscheinlichkeit, dass der Algorithmus fehlschlägt, ist dann höchstens $\tilde{k}\frac{1}{3\tilde{k}} = \frac{1}{3}$, wie gefordert.

Nehmen wir nun an, dass wir m Simulationen laufen lassen, wenn wir Y_j generieren. Wir schreiben H_j für die Anzahl der Simulationen, die in Färbungen ξ mit $\xi(x_j) \neq \xi(y_j)$ resultieren. Dann gilt:

$$Y_j = \frac{H_j}{m}$$

Wenn wir beide Seiten der zweiten Fehlerschranke mit m multiplizieren, erhalten wir

$$|H_j - mp| \leq \frac{\epsilon m}{8\tilde{k}},$$

wobei p definiert ist als $p = \mu^{(n)}(X(x_j) \neq X(y_j))$. Nun ist die Verteilung von H_j exakt die Verteilung der Anzahl an Köpfen, wenn wir m Münzen mit der Kopf-Wahrscheinlichkeit p werfen. Deswegen können wir Lemma 3 anwenden und erhalten:

$$P\left[|H_j - mp| > \frac{\epsilon m}{8\tilde{k}}\right] \leq \frac{m}{4\left(\frac{\epsilon m}{8\tilde{k}}\right)^2} = \frac{16\tilde{k}^2}{\epsilon^2 m}$$

Diese Wahrscheinlichkeit müssen wir nun kleiner als $\frac{1}{3k}$ werden lassen. Setzen wir nun den vorherigen Ausdruck mit $\frac{1}{3k}$ gleich und lösen nach m auf, so erhalten wir:

$$m = \frac{48\tilde{k}^3}{\epsilon^2}$$

Dies ist die Anzahl von Simulationen, die wir für jedes Y_j laufen lassen müssen. Wenn wir nun $\tilde{k} \leq dk$ erneut benutzen, erhalten wir:

$$m \leq \frac{48d^3k^3}{\epsilon^2}$$

Wir fassen zusammen: Der Algorithmus hat $\tilde{k}$ Faktoren Y_j zu berechnen. Jeder von ihnen kann erhalten werden, indem man nicht mehr als $\frac{48d^3k^3}{\epsilon^2}$ Simulationen laufen lässt. Jede Simulation benötigt nicht mehr als $k\left(\frac{2log(k)+log(\epsilon^{-1})+log(8)}{log\left(\frac{q}{2d^2}\right)}+1\right)$ Schritte des Gibbs-Samplers. Die totale Anzahl an Schritten, die benötigt werden, ist deswegen höchstens:

$$dk \times \frac{48d^3k^3}{\epsilon^2} \times k\left(\frac{2log(k)+log(\epsilon^{-1})+log(8)}{log\left(\frac{q}{2d^2}\right)}+1\right)$$

Dies ist von der Ordnung $Ck^5log(k)$ wenn $k \to \infty$, für irgendeine Konstante C, die nicht von k abhängt. Das ist weniger als Ck^6, so dass die totale Anzahl an Iterationen des Gibbs-Samplers nicht schneller als polynomial wächst. Die anderen Teile des Algorithmus sind asymptotisch vernachlässigbar gegenüber den Gibbs-Sampler Iterationen, so dass unser Existenz-Theorem konstruktiv bewiesen wurde.

Es ist möglich, eine schärfere obere Schranke zu erhalten, wenn man anstelle von Lemma 3 (und damit indirekt Chebychews Ungleichung) die sogenannte Chernoff Schranke für die Binomialverteilung verwendet[17].

4.5 Implementierung

Die Implementierung des Approximate Counting Algorithmus erfolgt am Beispiel eines kleinen Graphen, weil alles andere jenseits der Rechenkapazitäten durchschnittlicher Rechner liegt. In diesem Fall lassen sich die Färbungen noch relativ leicht auf analytischem Wege gewinnen, wenn man das Chromatische Polynom[18] berechnet. Im Folgenden werde

[17] Siehe hierzu beispielsweise: Motwani, R., Raghavan, P. (1995) Randomized Algorithms, Cambridge University Press

[18] zur Verwendung dieses Begriffes vgl. z.B. Manfred Nitzsche: Graphen für Einsteiger, Seite 197

ich die Ergebnisse meiner Simulationen darlegen und mit den exakten Werten, die auf analytischem Wege gewonnen sind, vergleichen. In folgender Grafik sind die Graphen dargestellt, die ich bei meinen Simulationen verwendet habe. Berechnet werden sollen die zulässigen q-Färbungen von G_5, dabei sind G_0 bis G_4 die Untergraphen, die der Algorithmus mit Hilfe des Gibbs-Samplers simuliert.

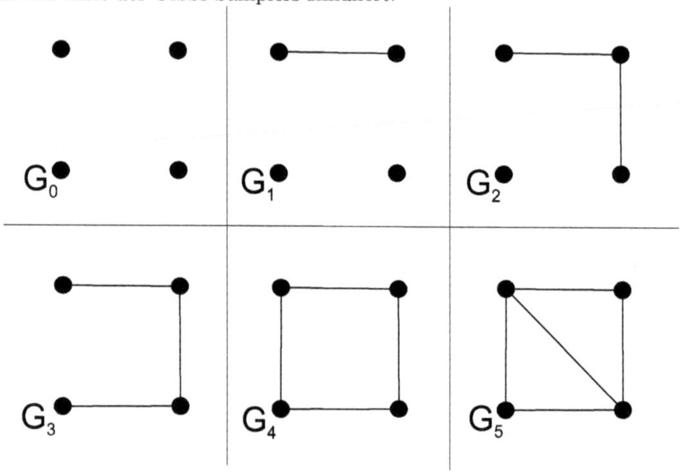

Berechnen wir zunächst die Chromatischen Polynome für die oben abgebildeten Graphen: G_0 ist der leere Graph[19] und hat deswegen das Chromatische Polynom

$$\chi(G_0, q) = q^4$$

G_1 setzt sich zusammen aus einem Pfad[20] bestehend aus 2 Knoten und einem leeren Graph bestehend aus 2 weiteren Knoten. Daher gilt hier:

$$\chi(G_1, q) = q(q-1)^1 \cdot q^2$$

G_2 setzt sich zusammen aus einem Pfad bestehend aus 3 Knoten und einem leeren Graph bestehend aus einem weiteren Knoten. Es ergibt sich:

$$\chi(G_2, q) = q(q-1)^2 \cdot q$$

G_3 besteht aus einem Pfad mit 4 Knoten, daher:

$$\chi(G_3, q) = q(q-1)^3$$

[19]vgl. z.B. Manfred Nitzsche: Graphen für Einsteiger, Seite 199

[20]vgl. z.B. Manfred Nitzsche: Graphen für Einsteiger, Seite 197

G_4 ist ein geschlossener Zykel[21] aus 4 Knoten, daher gilt:

$$\chi(G_4, q) = (q-1)^4 + (-1)^4(q-1)$$

G_5 berechnet sich nach der Delitition-Contraction Formel [22]. Es handelt sich hier um die Differenz aus einem geschlossenen Zykel aus 4 Knoten und einem Pfad aus 3 Knoten:

$$\chi(G_5, q) = [(q-1)^4 + (-1)^4(q-1)] - [q(q-1)^2]$$

Die Simulation erfolgte mit den Parametern $q = 16$, $d = 2$, $k = 4$ und $\epsilon = 1$. Daraus ergaben sich die Werte $n = 32$ und $m = 24576$. Nachfolgend vergleichen wir die Schätzer Y_j mit den wahren Werten $\frac{Z_j}{Z_{j-1}}$ in folgender Tabelle[23]:

j	Z_j	$\frac{Z_j}{Z_{j-1}}$	Y_j	$\left\lvert Y_j - \frac{Z_j}{Z_{j-1}} \right\rvert$
0	65536			
1	61440	0,9375	0,938599	0,001099
2	57600	0,9375	0,936768	0,000732
3	54000	0,9375	0,937297	0,000203
4	50640	0,937777	0,938883	0,001106
5	47040	0,928909	0,929891	0,000982

Aus den Schätzern Y_j lässt sich ein Schätzwert Y^* für Z_5 gewinnen, indem man folgende Operation ausführt:

$$Y^* = Z_0 \prod_{j=1}^{5} Y_j = 47153$$

Wie man sich leicht überlegen kann, ist das ein Fehler von 0,24%. Man beachte hierbei, dass der Fehler hier wesentlich geringer ausfällt, als erwartet, denn es wurde lediglich $\epsilon = 1$ gewählt.

---

[21] Für einen Zykel aus n Knoten gilt stets: $\chi(C_n, q) = (q-1)^n + (-1)^n(q-1)$. Beweis durch Induktion: Induktionsanfang für $n = 3$: $\chi(C_3, q) = (q-1)^3 + (-1)^3(q-1) = (q-1)^3 - q + 1 = (q^3 - 3q^2 + 3q - 1) - q + 1 = q^3 - 3q^2 + 2q = q(q^2 - 3q + 2) = q(q-1)(q-2)$, also der komplette Graph für $n = 3$, was hier richtig ist. Induktionsschritt: Der Graph C_n lässt sich auf einen Pfad P_n und einen Zykel C_{n-1} zurückführen: $\chi(C_n, q) = \chi(P_n, q) - \chi(C_{n-1}, q)$ Nach Induktuonsvoraussetzung gilt also: $\chi(C_n, q) = q(q-1)^{n-1} - [(q-1)^{n-1} + (-1)^{n-1}(q-1)] = (q-1)^{n-1}(q-1) - (-1)^{n-1}(q-1) = (q-1)^n + (-1)(-1)^{n-1}(q-1) = (q-1)^n + (-1)^n(q-1)$ q.e.d.

[22] vgl. z.B. Manfred Nitzsche: Graphen für Einsteiger, Seite 202

[23] Die Werte für die Z_j ergeben sich als Auswertung der weiter oben berechneten chromatischen Polynome an der Stelle $q = 16$.

Zur internen Darstellung der Graphen im Oktave-Script wurden die entsprechenden Adjazenz-Matritzen verwendet, die wie folgt aussehen:

$$A_0 = \begin{pmatrix} 0 & 0 & 0 & 0 \\ 0 & 0 & 0 & 0 \\ 0 & 0 & 0 & 0 \\ 0 & 0 & 0 & 0 \end{pmatrix} \quad A_1 = \begin{pmatrix} 0 & 1 & 0 & 0 \\ 1 & 0 & 0 & 0 \\ 0 & 0 & 0 & 0 \\ 0 & 0 & 0 & 0 \end{pmatrix} \quad A_2 = \begin{pmatrix} 0 & 1 & 0 & 0 \\ 1 & 0 & 1 & 0 \\ 0 & 1 & 0 & 0 \\ 0 & 0 & 0 & 0 \end{pmatrix}$$

$$A_3 = \begin{pmatrix} 0 & 1 & 0 & 0 \\ 1 & 0 & 1 & 0 \\ 0 & 1 & 0 & 1 \\ 0 & 0 & 1 & 0 \end{pmatrix} \quad A_4 = \begin{pmatrix} 0 & 1 & 0 & 1 \\ 1 & 0 & 1 & 0 \\ 0 & 1 & 0 & 1 \\ 1 & 0 & 1 & 0 \end{pmatrix} \quad A_5 = \begin{pmatrix} 0 & 1 & 1 & 1 \\ 1 & 0 & 1 & 0 \\ 1 & 1 & 0 & 1 \\ 1 & 0 & 1 & 0 \end{pmatrix}$$

5 Literatur

- Olle Häggström: Finite Markov Chains and Algorithmic Applications, London Mathematical Society Student Texts 52, Cambridge University Press 2002
- W.R. Gilks, S. Richardson, D.J. Spiegelhalter: Markov Chain Monte Carlo in Practice, Interdisciplinary Statistics, Chapman & Hall 1996
- Wikipedia: http://en.wikipedia.org/wiki/Metropolis-Hastings_algorithm
- Wikipedia: http://en.wikipedia.org/wiki/Graph_coloring
- John W. Eaton: GNU Octave Manual, A high-level interactive language for numerical computations, Octave version 2.0.17 (stable), Network Theory Ltd. 2005
- Manfred Nitzsche: Graphen für Einsteiger. Rund um das Haus vom Nikolaus, Vieweg 2005

6 Quelltexte

6.1 Metropolis-Hastings Algorithmus

```
function ret = pi(x)

  lam = 0.5;

  if x >= 0

    ret = lam * exp(-lam * x);

  else

    ret = 0;

  endif

endfunction

function ret = q(x)

  m = x;
  v = 2;
  ret = normal_rnd(m,v,1);

endfunction

function ret = al(x,y)

  ret = min( [ 1 pi(y)/pi(x) ] );

endfunction


samples = 1200;
burnin = 200;
x(1) = 0;
accept = 0;

for t = 1:samples

  y = q(x(t));
  u = rand();

  if u < al(x(t),y)

    x(t+1) = y;
    accept = accept + 1;

  else

    x(t+1) = x(t);

  endif

endfor

mean = sum( x(burnin:samples) )/(samples-burnin);
variance = sum( ( x(burnin:samples) - mean).^2 )/(samples-burnin-1);

printf("mean %f\n", mean);
printf("variance %f\n", variance);
printf("acceptance %f\n", accept/samples);

__gnuplot_set__ terminal postscript eps;
__gnuplot_set__ output "metropolis.eps";

plot(x);
```

6.2 Gibbs-Sampler

```
function y = neighbor_zero(A,vi,vj)

  if vi > 1
    oben = ( A(vi-1,vj) == 0 );
  else
    oben = true;
  endif

  if vi < 10
    unten = ( A(vi+1,vj) == 0 );
  else
    unten = true;
  endif

  if vj > 1
    links = ( A(vi,vj-1) == 0 );
  else
    links = true;
  endif

  if vj < 10
    rechts = ( A(vi,vj+1) == 0 );
  else
    rechts = true;
  endif

  y = oben & unten & links & rechts;

endfunction

A(1:10,1:10) = 0;

samples = 11000;
burnin = 1000;

for c = 1:samples;

  vi = ceil(rand()*10);
  vj = ceil(rand()*10);

  if (rand() > 0.5) & neighbor_zero(A,vi,vj)
    A(vi,vj) = 1;
  else
    A(vi,vj) = 0;
  endif

  n(c) = sum( sum (A) );

endfor

mean = sum( n(burnin:samples) )/( samples - burnin );

variance = sum( ( n(burnin:samples) - mean ).^2 )/( samples - burnin - 1 );

disp(mean);
disp(variance);

__gnuplot_set__ terminal postscript eps;
__gnuplot_set__ output "gibbs.eps";

plot(n);
```

6.3 Approximate-Counting Algorithmus

```
function config = draw_gibbs_sample(init,neig,q,n)

  A = init;

  for r = 1:n

    v = ceil(rand()*length(A));
    colors = randperm(q);

    for w = 1:length(A)
      if neig(v,w) == 1
         ci = find(colors == A(w));
         colors(ci) = [];
      endif
    endfor

    A(v) = colors(1);

  endfor

  config = A;

endfunction

function y = estimate(x,y,neig)

  init = [1 2 3 4];
  n = 32;
  m = 24576;
  q = 16;
  h = 0;

  for s = 1:m

    config = draw_gibbs_sample(init,neig,q,n);

    if config(x) != config(y)
       h++;
    endif

    if mod(s,100) == 0
       printf("x = %i, y = %i, progress: %f \n", x, y, s/m*100);
    endif

  endfor

  y = h/m;

endfunction

vx = [1 2 3 4 1];
vy = [2 3 4 1 3];
neig(4,4) = 0;

for j = 1:length(vx)

  est_y(j) = estimate(vx(j),vy(j),neig);
  neig(vx(j),vy(j)) = 1;
  neig(vy(j),vx(j)) = 1;

endfor

disp("estimators Yj");
disp(est_y);

disp("estimator Y*");
disp(16^4*prod(est_y));
```

Selbstständigkeitserklärung

Hiermit erkläre ich, dass ich die vorliegende Arbeit selbstständig und ohne fremde Hilfe verfasst und keine anderen Hilfsmittel als angegeben verwendet habe.

Insbesondere versichere ich, dass ich alle wörtlichen und sinngemäßen Übernahmen aus anderen Werken als solche gekennzeichnet habe.

Bielefeld, den 06. September 2007 ____________________